U0820151

全面建设社会主义现代化
抵御自然灾害能力也要现代化

地灾防治成功案例

——启　示　录——

自然资源部宣传教育中心
自然资源部地质灾害防治技术指导中心　编
中国地质灾害防治与生态修复协会

地质出版社
·北　京·

图书在版编目（CIP）数据

地灾防治成功案例启示录 / 自然资源部宣传教育中心等编 . —北京：地质出版社，2023.11

ISBN 978-7-116-13659-5

Ⅰ. ①地… Ⅱ. ①自… Ⅲ. ①地质灾害-灾害防治-案例-中国 Ⅳ. ①P694

中国版本图书馆 CIP 数据核字（2023）第 099869 号

DIZAI FANGZHI CHENGGONG ANLI QISHILU

策划编辑： 罗军燕
责任编辑： 孙春迪
责任校对： 陈　曦
出版发行： 地质出版社
社址邮编： 北京市海淀区学院路 31 号，100083
电　　话：（010）66554215（邮购部）；（010）66554523（编辑室）
网　　址： https：//www.gph.clmpg.com
印　　刷： 北京地大彩印有限公司
开　　本： 710mm × 1000mm　1/16
印　　张： 10.25
字　　数： 163千字
版　　次： 2023年11月北京第1版
印　　次： 2023年11月北京第1次印刷
定　　价： 95.00元
书　　号： ISBN 978-7-116-13659-5

编 委 会

主　编： 夏　俊　殷跃平　范宏喜

副主编： 陈兰芹　罗开洋　陈红旗

编　委： 张　蓉　张家辉　宁静慧　郭熙临

梁宏锟　王欣泉　祁小博　张慧羽

于　飞　张君宜

绘　图： 梁宏锟

前言

我国是世界上地质灾害最为严重、受威胁人口最多的国家之一。我国山区较多，地形复杂，构造发育，地质灾害隐患广泛分布，受极端气象事件频发和特定地质环境条件影响，近年来地质灾害呈现增长和频发的态势。

地质灾害防治工作事关人民群众生命财产安全。为深入贯彻落实习近平总书记关于防灾减灾工作的重要指示批示精神，扎实做好地质灾害防治工作，各地高度重视，开展了积极有效的探索与实践。

经过多年的努力，我国已经初步建立了地质灾害调查识别、监测预警、治理避让、应急处置、科技支撑和综合管理工作体系，取得了显著的防灾减灾成效，因地质灾害造成的年平均遇难人数总体得到了显著下降。

为深入贯彻落实党的二十大精神，切实保障人民生命财产安全，进一步提升全社会地质灾害防范能力，在自然资源部地质勘查管理司的指导下，自然资源部宣传教育中心、自然资源部地质灾害防治技术指导中心、中国地质灾害防治与生态修复协会组织编撰了本书，以近年来地质灾害成功避险案例为素材，推广成功经验和避险知识，以期增强广大读者的防灾减灾意识，加强避险宣传、强化实战演练、完善各项制度等，尽可能降低地质灾害带来的损失。

感谢各地各有关单位提供案例，并对内容进行审核。由于时间仓促，编者水平有限，书中难免存在疏漏与不当之处，敬请广大读者不吝指正。

编　　者

2023 年 8 月

目 录

第一章　地质灾害与地灾防治 …… 1

第二章　基础知识与防范应对 …… 4

第一节　崩 塌 …… 5

一、基础知识 …… 5

二、防范应对 …… 9

第二节　滑 坡 …… 11

一、基础知识 …… 11

二、防范应对 …… 14

第三节　泥石流 …… 18

一、基础知识 …… 18

二、防范应对 …… 20

第三章　成功避险案例 …… 23

第一节　崩 塌 …… 24

一、湖南省汨罗市“8·9”弼时镇平华村崩塌避险 …… 24

二、北京市房山区“7·22”佛子庄108国道复线崩塌避险 …… 27

三、广东省深圳市“8·18”仙桐体育公园足球场北侧崩塌避险 …… 31

四、山西省汾西县“10·5”南街社区崩塌避险 …… 34

五、湖北省兴山县“3·21”阳泉村崩塌避险 …… 38

第二节　滑 坡 …… 40
一、重庆市云阳县“7·17”云阳镇团包滑坡避险 …… 40
二、四川省中江县“8·15”集凤镇九股泉村十二、十三组滑坡避险 …… 43
三、湖北省恩施市“7·21”屯堡乡马者村沙子坝滑坡避险 …… 46
四、甘肃省灵台县“10·3”南店子村东庄社滑坡避险 …… 49
五、贵州省三都水族自治县“6·20”拉揽村高寨滑坡避险 …… 52
第三节　泥石流 …… 54
一、四川省木里藏族自治县“6·9”项脚沟流域火灾次生泥石流避险 …… 54
二、云南省泸水市“10·22”老窝镇松茅沟泥石流避险 …… 57
三、四川省盐源县“8·27”堵阿落谷泥石流避险 …… 60
四、云南省玉溪市“8·1”水塘村泥石流避险 …… 62
五、陕西省紫阳县“9·7”朝阳村关垭子泥石流避险 …… 66
第四章　经验启示 …… 69
一、各级高度重视，压实防灾责任 …… 70
二、强化群测群防，精准监测预警 …… 71
三、“人防”“技防”协同，助推精准研判 …… 72
四、加强培训演练，重视宣传教育 …… 74
附　录　地质灾害相关法律法规及规范 …… 75
国务院关于加强地质灾害防治工作的决定 …… 76
地质灾害防治条例 …… 84
全国地质灾害防治“十四五”规划 …… 95
地质灾害排查规范 …… 126

第一章 地质灾害与地灾防治

根据《地质灾害防治条例》，地质灾害是由自然因素或者人为活动引发的危害人民生命和财产安全的山体崩塌、滑坡、泥石流、地面塌陷、地裂缝、地面沉降等与地质作用有关的灾害。

地质灾害种类划分标准各有不同。按照致灾地质作用的性质和发生处所，地质灾害共划分为12类（表1–1）；按照动力成因，地质灾害可划分为自然地质灾害和人为地质灾害两大类，其中由降雨、融雪、地震等因素诱发的称为自然地质灾害，由工程开挖、堆载、爆破、弃土等引发的称为人为地质灾害。

表1–1　按照致灾地质作用的性质和发生处所划分的常见地质灾害一览表

序号	类别	具体灾害
1	地壳活动灾害	如地震、火山喷发、断层错动等
2	斜坡岩土体运动灾害	如崩塌、滑坡、泥石流等
3	地面变形灾害	如地面塌陷、地面沉降、地面开裂（地裂缝）等
4	矿山与地下工程灾害	如煤层自燃、洞井塌方、冒顶、偏帮、鼓底、岩爆、高温、突水、瓦斯爆炸等
5	城市地质灾害	如建筑地基与基坑变形、垃圾堆积等
6	河、湖、水库灾害	如塌岸、淤积、渗漏、浸没、溃决等
7	海岸带灾害	如海平面升降、海水入侵、海崖侵蚀、海港淤积、风暴潮等
8	海洋地质灾害	如水下滑坡、潮流沙坝、浅层气害等
9	特殊岩土灾害	如黄土湿陷、膨胀土胀缩、冻土冻融、沙土液化、淤泥触变化、淤泥触变等
10	土地退化灾害	如水土流失、土地沙漠化、盐碱化、潜育化、沼泽化等
11	水土污染与地球化学异常灾害	如地下水质污染、农田土地污染、地方病等
12	水源枯竭灾害	如河水漏失、泉水干涸、地下含水层疏干（地下水位超常下降）等

我国是世界上地质灾害最严重、受威胁人口最多的国家之一。因地形、地貌和地质条件复杂，火山作用、岩浆作用与地壳断裂活动分布普遍，特别是近年来受极端天气、地震、工程建设等因素影响，地质灾害多发频发，

给人民群众生命财产造成严重损失。据统计，2020 年全国共发生地质灾害 7840 起（其中滑坡 4810 起，崩塌 1797 起，泥石流 899 起，这三种共占总数的 95.7%），造成 139 人死亡（失踪）、58 人受伤，直接经济损失 50.2 亿元。2021 年，全国共发生地质灾害 4772 起（其中滑坡 2335 起，崩塌 1746 起，泥石流 374 起，这三种共占总数的 93.4%），造成 80 人死亡、11 人失踪，直接经济损失 32 亿元。

自然灾害防治关系国计民生，提高自然灾害防治能力是关系人民群众生命财产安全和国家安全的大事，也是对我们党执政能力的考验。面对严峻的地质灾害防治形势，在党中央、国务院的坚强领导下，各级党委政府认真履职，相关部门密切配合，全国自然资源系统和基层干部群众共同努力，地质灾害防治工作取得明显成效。

然而，我国地质和气象条件异常复杂，地质灾害类型众多，形成条件和成因机理亦是十分复杂，许多地质灾害隐患不仅位置偏僻隐蔽，而且会随着降雨等因素诱发而动态变化，因此地质灾害的发生往往具有随机性、突发性和不确定性，不能简单说加强监测预警，就能完全避免地质灾害的发生和造成的损失，也不是只要开展了调查，隐患就能全部查清，就能准确做出定时、定点的预测。

因此，在地质灾害防治工作中，既要加强隐患识别，突出解决“隐患在哪里”问题，又要人防、技防并重，提高“什么时候发生”的预警能力，切实提升地灾预警精准度、时效性和覆盖面，持续提升精准服务风险区内基层群众和交通、旅游、水利、能源等各行业的能力。

第二章 基础知识与防范应对

第一节 崩塌

一、基础知识

（一）概念

崩塌是指陡峻斜坡上的岩体或土体，在重力等因素作用下，突然脱离母体，发生崩落、滚动等以竖向为主的运动，并堆积于坡脚的过程与现象（图 2–1）。

图 2–1 崩塌示意图

（二）类型

图 2-2　山区公路经常发生崩塌

按照形成机理和运动方式　崩塌可划分为滑移式崩塌、倾倒式崩塌、错断式崩塌、鼓胀式崩塌、拉裂式崩塌、陷落挤出式崩塌（图 2-2）。

按照动力成因　崩塌可划分为自然动力型（降雨型、冲蚀型、风化剥蚀型、地震型、堆积加载型）和人工动力型（明挖型、洞掘型、爆破型、水库型、渗漏型、人加载型）。

按照物质类型　崩塌可划分为崩塌体为土质的土崩（图 2-3）和崩塌体为岩质的岩崩（图 2-4）。

按照规模和特点　崩塌可划分为剥落、坠石和崩落。

图 2-3　土崩示意图

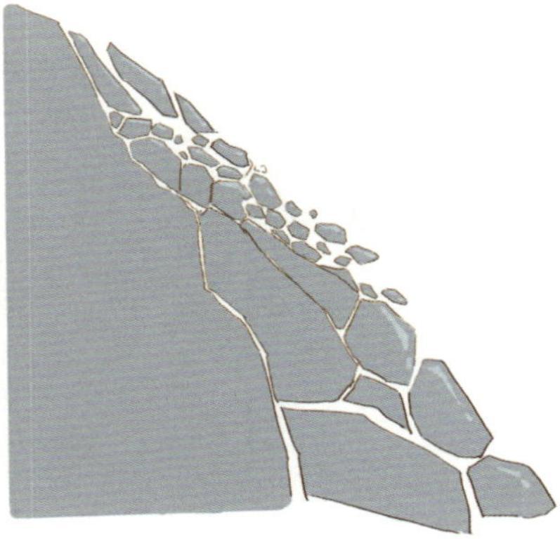

图 2-4　岩崩示意图

（三）危害

崩塌具有突发性。运动特征以垂直和翻滚式为主，并可转化为滑坡、碎屑流或成为泥石流物源。变形破坏模式表现为倾倒式、滑移式、坐落式或垮塌式等。崩塌有时会砸毁、掩埋房屋和其他工程设施，危害人类生命财产安全。

（四）诱发因素

诱发因素可分为自然因素和人为因素。其中，常见的自然因素如下：

1. 地震、火山等地质活动破坏其边坡的稳定性，导致崩塌。
2. 暴雨、融雪形成大量地表水，渗入边坡，岩土软化，并产生孔隙水压力，导致崩塌。
3. 河水、湖水、海水、库水长期浸泡和冲刷、掏蚀坡脚，使得边坡基础支撑能力下降，边坡失稳，导致崩塌（图 2−5）。

人为因素是人类在采掘矿产、修整道路等工程活动中，进行爆破、开挖、堆砌、填土、加载、蓄水、引水等活动，破坏了边坡的平衡，导致崩塌（图 2−6）。

图 2−5 自然因素诱发崩塌示意图

图 2−6 人为因素诱发崩塌示意图

基于这些形成条件，崩塌发生的时间多集中在暴雨或连续长时间的降雨之后，强烈地震或者人工爆破之后，水库蓄水、引水或开挖边坡之后的一段时间。

（五）形成地质条件

图 2-7　岩土类型和结构示意图

岩土类型和结构　在岩土类型方面，坚硬的碳酸盐岩、石英砂岩、砂砾岩、岩浆岩、变质岩及密实的黄土等形成的崩塌，不仅数量多，而且一般规模较大，造成的灾害也较重；页岩、泥岩、泥灰岩等可塑性较强的岩石和松散土层，则往往以小型的剥落为主，灾害比较轻。在岩土结构方面，完整性、均一性越差，越容易发生崩塌。例如，陡坎上出露的水平地层，软岩和硬岩呈层状交互，软的岩石容易风化，硬的岩石不易风化，在风化作用下，软的岩石凹下去，硬的岩石形成探头石。长此以往，探头石崩落下来形成崩塌（图 2-7）。

地质构造　断裂发育的构造活动带，多是大型崩塌发育的密集带；断层、节理、裂隙、岩石层面等通常是崩塌活动的分割面，它们越发育，在向坡外倾斜时就越容易形成崩塌。裂隙构造将山体分离、隔开，最有利于崩塌的形成。陡峭的山坡上被裂隙分开的石块有的规模很大，有的只是一块孤石，这些都是容易形成崩塌的危岩体。危岩体受到震动或暴雨影响，容易从陡峭的山坡上坠落，形成崩塌（图 2-8）。

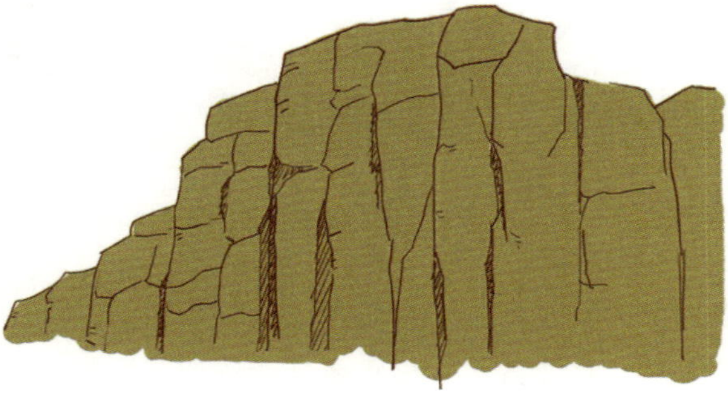

图 2-8　容易形成崩塌的地质构造示意图

地形地貌　地形坡度越大，切割越剧烈，越容易形成崩塌。通常，有临空面的孤立山嘴、陡崖和坡度大于40°的高坡，以及江河湖海和水库岸坡，铁路、公路、露天采矿场等高角度人工边坡，易形成崩塌（图2–9）。

图2–9　容易形成崩塌的地形地貌示意图

二、防范应对

（一）发生前兆

1. 崩塌处的裂缝逐渐扩大，危岩体的前缘有掉块、坠落现象，小崩、小塌不断发生。
2. 偶尔听见岩石撕裂、摩擦、错碎的声音。
3. 坡顶出现新的破裂形迹，嗅到异常气味。
4. 出现热气、氡气、地下水质或水量等异常。
5. 动植物出现异常现象。

（二）防范措施

防止产生崩塌的措施包括削坡、清除危石、胶结岩石裂隙、引导地表水流动、避免岩石强度迅速变化、防止差异风化、提高斜坡稳定性等，也可筑明硐、御塌棚、筑护墙或围护棚、筑挡土墙等，对可能形成崩塌的地方进行防护。

（三）应对避险

1. 夏汛时节，选择去山区沟谷时，一定要事先了解当地的天气预报，尽量避免在大雨或连续阴雨天仍有雨的情况下进入山区沟谷。

2. 经过危险路段时，要留意警示标志，快速通过，不停留（图 2–10）。行车中遭遇崩塌时，要保持冷静，迅速离开有斜坡的路段。因崩塌、滑坡造成堵塞时，应听从交通指挥，及时接受疏导。

3. 雨季时不要在陡坡、危岩突出的地方停留，不能在凹形陡坡危岩突出的地方避雨、休息和穿行，不能攀登危岩（图 2–10）。

4. 如遇山泥倾泻崩塌、阻路，切勿尝试踏上浮泥前进，应立刻后退，另寻安全小径继续行程或中止行程。

图 2–10　地质灾害应对避险举措

5. 如有人被山泥崩塌淹没或围困，切勿轻易尝试自行拯救，避免更多人员伤亡，应立刻通知有关部门准备适当工具进行救援。

第二节　滑　坡

一、基础知识

（一）概念

滑坡是斜坡岩土体在以重力为主的力作用下，沿着一定的剪切破坏面产生滑移破坏，整体向坡下运动的地质现象。有些地区将滑坡称为跨山、走山、地滑或土溜。

（二）类型

按照滑坡发生的诱发因素　滑坡可分为自然滑坡和工程滑坡两类。自然滑坡是指由于自然地质作用（如暴雨）产生的滑坡（图 2-11）；工程滑坡是

图 2-11　暴雨诱发滑坡示意图

指由于工程开挖、蓄水、排水或加载等人为动力作用引发的滑坡。近年来，由于斜坡前缘切坡、后缘弃土加载、庄稼灌溉等人为工程活动引发的滑坡比例明显增加。

按照滑坡的物质组成 滑坡可分为堆积层滑坡、黏土滑坡、岩层滑坡、黄土滑坡（图 2-12 ~图 2-14）。

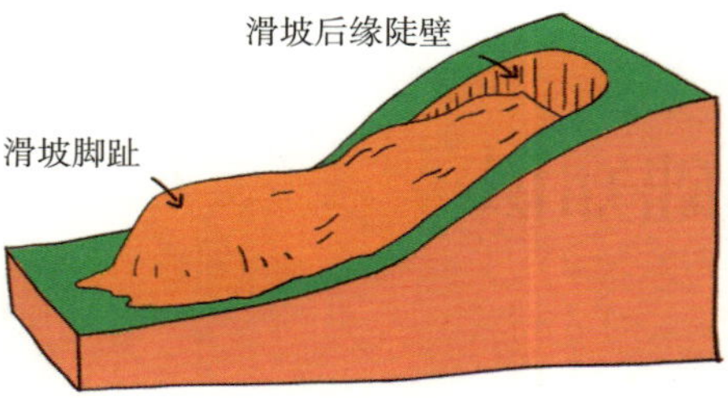

图 2-12 黏土滑坡示意图

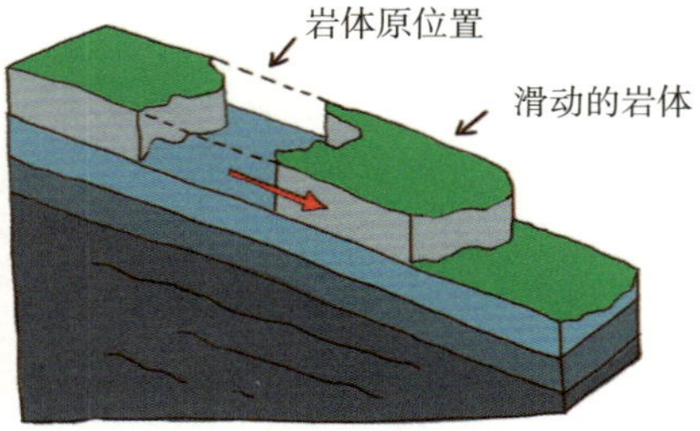

图 2-13 岩层滑坡示意图

图 2-14 黄土滑坡示意图

（三）危害

滑坡以水平运动为主，运动机理上表现为推移式、牵引式、坐落式和垮塌式等，常转化为碎屑流或成为泥石流物源。

滑坡广泛发生在山地、高原及丘陵地区，是阻碍山区社会经济发展的主要自然灾害。

滑坡的危害主要包括：

1. 毁坏城镇、村庄、铁路、公路、航道、房屋、矿山企业等，造成人员伤亡和财产损失（直接危害）。

2. 阻塞河道、上游江河溢流或者堵河成湖后溃决，发生洪水（次生危害）。

3. 有时受暴雨或者洪水诱发进一步形成泥石流，造成更严重的破坏和损失（次生危害）。

滑坡灾害的大小除了受滑坡规模影响外，还与滑坡活动特点（如高速滑坡）、滑坡影响区域的社会经济状况有关。通常，滑坡规模越大，发生得越突然；滑坡区域的人口和重要工程设施越多，灾害就越严重。

（四）诱发因素

1. 自然因素包括降雨、河水冲刷、季节温差变化、地震等，其中，暴雨、长时间连续降雨为产生滑坡的最主要自然因素。

2. 人为因素包括开挖边坡、堆填加载、采掘矿产资源、乱砍滥伐、渠道渗水、劈山采石等，其中，开挖边坡为产生滑坡的最主要人为因素。

（五）形成地质条件

促使滑坡形成的各种因素，包括内在因素和外在因素。内在因素是指滑坡形成的基础条件，具体如下：

1. 地形地貌。一般坡角为 15° ～ 40° 的高角度斜坡容易发生滑坡，山间谷地、环形谷地和江河湖海、水库沿岸，以及铁路、公路等工程边坡，是滑坡活动的有利场所。

2. 地层岩性。抗风化能力和抗水侵蚀能力差、抗剪强度低的岩层，或夹有这类岩层的斜坡，以及结构疏松、稳定性差的土层，容易发生滑动。

3. 地质构造。斜坡处于断裂构造带，岩石裂隙发育，岩体结构不完整，岩层倾向与坡面一致，岩层中有松软结构面等，容易发生滑坡。

外在因素是指诱发斜坡滑动的外部营力作用，具体如下：

1. 因风化剥蚀、地震、火山喷发、地面塌陷、人工爆破、机械震动及区域构造应力场变化等，改变了斜坡的岩土体结构和应力状况，降低了岩土体强度和斜坡的稳定性。

2. 因水流侵蚀、人工切坡，或者在斜坡上建筑、堆砌等，改变了坡体形态或者增加了岩土体负荷，破坏了坡体平衡。
3. 降雨、融雪或人工蓄水、引水等使大量地表水渗入坡体内部，增加了覆岩土体的质量，强化了地下水对岩土体的浸润和潜蚀作用，引起孔隙水和动水压力的急剧升高，从而降低了岩土体强度和稳定性，导致斜坡失稳。

二、防范应对

（一）发生前兆

1. 滑坡前缘出现横向和纵向放射状裂缝，后缘裂缝急剧加长、加宽，新裂缝不断产生，滑体后部快速下座。随着滑坡发展，裂缝会由少变多、由断续变为连贯。弧形张开裂缝和水平扭动裂缝圈闭的范围，就是可能发生滑坡的范围。
2. 滑坡体出现不均匀沉陷，局部台阶下座，参差不齐，前缘土体出现鼓胀变形或挤压脊背，反映了滑坡体向前推挤并受到阻碍。
3. 滑带岩土体因岩石开裂或被剪切挤压摩擦错动发出声响，并从裂缝中冒出热气或者冷风，滑坡体四周岩土体出现松弛，形成小型坍塌的现象。
4. 在滑坡前缘坡脚处，有堵塞多年的泉水复活现象，或出现泉水（井水）突然干枯、井（钻孔）水位突变、水质突然浑浊等异常现象（图2–15）。
5. 动物惊恐异常，如猪、狗、鸡、牛、羊惊恐不安，老鼠乱窜不进洞。植物变态，树林、电杆、烟囱、树木、高塔、建筑物等歪斜，道路、水渠变形（图 2–16，图 2–17）。

图 2-15　斜坡上池塘水漏失示意图

图 2-16　马刀树示意图

图 2-17　醉汉林示意图

6. 滑体上如有长期位移观测资料，临滑前，无论是水平位移量还是垂直位移量，均会出现加速变化的趋势。

滑坡前兆出现的多少、明显程度、延续时长，对不同环境下的滑坡存在很大差异。有些前兆可能是非滑坡因素引起，在判定滑坡发生可能性时，要注意多种现象相互印证，尽量排除其他因素的干扰，做出正确判断。

（二）防范措施

1. 选择厂址和宅基地时，要做好地质灾害危险性评估，重视斜坡的稳定性。如果坡体是一个古滑坡、斜坡上松散土石层较厚、岩层倾向与坡面一致或是含有松软地层等的地方，均不宜选作建设场地。
2. 做好加固山体的防范工程，可针对消除或减轻水的危害、改变滑坡体外形、设置抗滑桩、改善滑动带土石性质等措施开展，如修建截水沟和排水沟拦截斜坡上的地表流水，并沿排水沟把水引出滑坡体，就可以消除诱发滑坡发生的地表水作用。
3. 定期检查房屋及山坡地表的变化，检查房屋墙壁是否存有裂缝、裂纹，斜坡上的电线杆或树木是否向一方倾斜，及房屋附近的路面是否发生变形等（图 2-18）。

此外，还可针对某些影响滑坡滑动的因素进行整治，如防水流冲刷、降低地下水水位、防止岩石风化等。

图 2-18　裂缝定期测量

（三）应对避险

1. 计划露营等活动时，要提前留意天气预报信息，如气象部门已预报了有强降雨的可能，应暂且将计划延后。夏秋时节，天气变化无常，局地性的强降雨和强对流天气频发，日常露宿时，应避开有滚石和大量堆积物的山坡，尽可能选择在平整的高地扎营。

2. 若发现河谷里有滑坡形成，应及时通知大家转移（图 2–19）。遇上暴雨时，一定不要停留在山谷中，或听到山谷中有声响还无动于衷。

图 2–19　发现滑坡应及时通知大家转移

3. 滑坡发生时，应迅速撤离到安全地点，不能选择滑坡的上坡或下坡作为避难场地。逃离时，最好向两侧跑（图 2–20）。

图 2–20　遇到滑坡应向两侧跑

4. 一般除高速滑坡外，只要行动迅速，都有可能逃离危险区段。当遇到无法逃离的高速滑坡时，更不能慌乱，在一定条件下，如滑坡呈整体滑动时，原地不动，不失为一种有效的自救措施。

5. 当无法继续逃离时，应迅速抱住身边的树木等固定物体，也可躲避在结实的障碍物下，或蹲在地坎、地沟里。应注意保护好头部，可利用身边的衣物裹住头部。

6. 滑坡时，极易造成人员受伤，应及时呼救“120”，呼救时应说明灾害事件发生的时间、地点、事件的性质、伤情、伤亡人数、急需哪方面的救援，以及呼救人的姓名、单位、所用呼救电话号码。

第三节 泥石流

一、基础知识

（一）概念

泥石流是在山区沟谷中，由暴雨、大量冰雪融水或江、湖、水库溃决后形成的急速地表径流激发大量泥沙、石块等固体碎屑物质，形成饱含泥土和大小石块等的固、液两相流体，并具有强大冲击力和破坏力的特殊洪流（图 2–21）。

泥石流具有爆发突然、来势凶猛、运动快速、能量巨大、冲击力强、

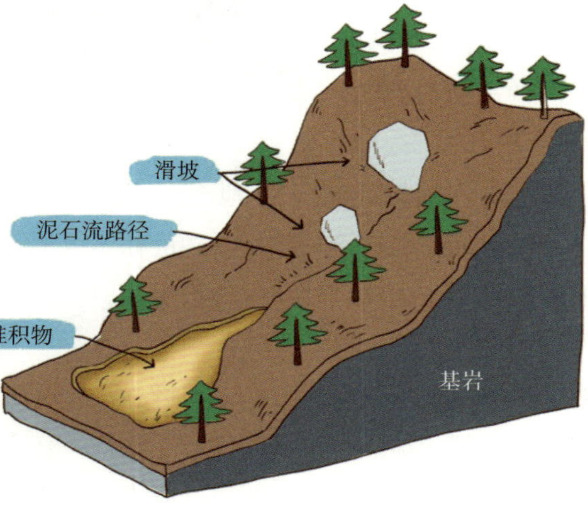

图 2–21　典型的泥石流示意图

破坏性大、过程短暂的特点。泥石流在部分地区被称为龙扒、水泡、走蛟等。

（二）类型

根据泥石流的水源类型　泥石流分为暴雨型泥石流、溃决型泥石流、冰雪融水型泥石流。

根据泥石流的地貌部位　泥石流分为山区泥石流、山前区泥石流。

根据泥石流的流域形态　泥石流分为沟谷型泥石流（图 2–22）、山坡型泥石流（图 2–23）。

根据泥石流的物质组成　泥石流分为泥流、泥石流和水石流。

图 2–22　沟谷型泥石流

图 2–23　山坡型泥石流

（三）危害

泥石流具有广泛破坏效应，主要表现为：

1. 摧毁城镇、村庄、矿山、工厂和工程设施，造成人员伤亡和财产损失（图 2–24）。
2. 破坏铁路、公路、桥梁、车站，颠覆淤埋火车、汽车，淤塞航

图 2–24　泥石流的危害

道，破坏水陆交通运输。
3. 淤积河道、湖泊、水库，破坏水利工程，加剧洪水灾害。
4. 破坏自然资源和流域生态环境，加剧山区贫困。

（四）诱发因素

泥石流主要发育在地形起伏剧烈、新构造运动强烈、暴雨集中的山地高原地区。我国泥石流主要分布在断裂构造带、地震活动带及深切的中、高山区，以海拔为 800 ~ 2500 米的山坡、沟谷、坡面为 25° ~ 33° 的地区最常见。

（五）形成地质条件

泥石流的形成需要具备三个条件：
1. 具有充足的固体碎屑物质来源。
2. 具有充足的水源和大量且急促的水流。
3. 具有适宜的地形地貌，如山高谷深、地形陡峻、沟床纵度降大等，流域形状便于水流汇集。

二、防范应对

（一）发生前兆

1. 动物异常，如猪、狗、牛、羊、鸡惊恐不安，不入睡，老鼠乱窜，沟谷中的大量青蛙、螃蟹、鱼类等水生物异常活跃。植物形态发生变化，如树林枯萎或歪斜等。
2. 山谷中传来轰鸣声，声音明显不同于机车、风雨、雷电、爆破等声音，可能是由泥石流携带的巨石撞击产生，即便声音极其微小，也应能判定泥石流已经形成，要迅速离开。
3. 主河流水平面上涨，正常水流突然中断，并伴有较多的柴草、树木。
4. 沟谷深处忽然变得昏暗，并伴随有轻微的震动感和塌方现象。

（二）防范措施

1. 划分泥石流的危险区、潜在危险区，或进行泥石流灾害敏感度分区。开展泥石流调查，包括泥石流的特征、地质条件、易发程度、发展阶段、危害状况等。
2. 开展水土保持工作，对自然因素和人为活动造成的水土流失及时采取预防和治理的措施。修筑拦渣坝、格栅坝、停淤场、谷坊坝和急流槽等，避免灾害发生。
3. 建筑物选址应避开溪河两边位置较低处、双河口交叉处、河道拐弯凸岸、陡坎或陡峻的山坡脚下，切坡建房要增加防护。
4. 加强水文、气象的预报工作，特别是对局部暴雨的预报。在泥石流多发地区的居民要随时注意暴雨预警、预报，选好躲避路线，避免到时措手不及，留心周围环境，特别警惕远处传来的土石崩落、洪水咆哮等异常声响，积极做好防范泥石流的准备。
5. 去山地户外游玩时，选择平整的高地作为营地，避开河（沟）道弯曲的凹岸或地方狭小高度又低的凸岸。切忌在沟道处或山沟内的低平处找寻宿营棚。
6. 当遇到长时间连续降雨或暴雨时，应警惕泥石流的发生。不要擅自在易发区的高山上、陡峻山坡下或溪河两边活动。在沟谷内逗留时，一旦遭遇大雨、暴雨，要迅速转移到安全的高地。

（三）应对避险

1. 居住在上游地区的人，如果发现了泥石流迹象，应设法立即通知泥石流可能影响的下游村庄、学校、厂矿等，以便及时躲避泥石流。
2. 发现有泥石流迹象或泥石流袭来时，不能沿沟向下或向上跑，而应向两侧山坡上跑，离开沟道、河谷地带。注意不要在土质松软、土体不稳定的斜坡停留，应选择在基底稳固又较为平缓开阔的地方停留（图2–25）。
3. 逃生时，不要留恋财物，要抛弃一切影响奔跑速度的物品。听从指挥，迅速撤离危险区。切勿不顾一切抢救财产、打捞漂浮物。

4. 不要躲在有滚石和大量堆积物的陡峭山坡下，不要停留在低洼地方，也不要攀爬到树上躲避，不要匆忙就近随意过河、过桥逃生。
5. 在泥石流发生前已经撤出危险区的人，不要急于返回收拾物品或锁门。
6. 尽快与有关部门取得联系，报告自己的方位和险情，积极寻求救援。

图 2-25　泥石流发生时采取的避让措施

第三章 成功避险案例

第一节 崩塌

一、湖南省汨罗市“8·9”弼时镇平华村崩塌避险

（一）案例概况

2020年7月4日5时左右和2020年8月9日8时左右，湖南省汨罗市弼时镇平华村新屋组后山先后发生两次崩塌（图3-1）。崩塌下方约48户居

图3-1 新屋组崩塌区全貌及危岩、危险分区示意图

民及 11 名弼时水厂职工全部被提前转移至安全地带，成功避免了 100 余人伤亡、300 万元的直接经济损失及 5000 万元的潜在经济损失。

（二）地质成因

该崩塌体所处山脉隶属汨罗市南部的玉池山脉。玉池山脉属构造剥蚀中低山地貌，总体呈现西高东低的地势特征，西侧山顶最高处海拔约 370 米，东侧坡脚平缓地带最低处海拔约 80 米，两者高差约 290 米。

根据调查，新屋组崩塌区顶部高程约 295 米，最大崩落高度 190 米，崩塌边坡上陡下缓，下部坡角多呈 25° ~ 35°。崩塌危害范围包括崩塌物流通区坡面及危石滚落范围，严重威胁坡体下方 48 户居民及弼时水厂职工的生命财产安全，潜在经济损失约 5000 万元。

（三）主要做法与成效

崩塌区为非在册地质灾害隐患点，经对该区域地质灾害点多次排查，加上当地村镇监测人员多次监测对比，发现危岩体裂隙有变宽、渗水现象，降雨后存在崩塌的风险，故于 2020 年汛期将其列为重点地质灾害监测点。

2020 年 7 月 1 日，气象部门发布地质灾害气象预警，汨罗市自然资源局地质灾害指挥中心迅速转发给当地乡镇及驻点监测员，启动预警，不间断地对新屋组崩塌点进行排查。

3 日 10 时，根据监测员报告，有裂缝变宽迹象，紧急将下方居民转移安置。

4 日凌晨，新屋组崩塌区发生第一次垮塌，崩塌体积约 2000 立方米，受地形条件制约及植被拦阻，崩塌体散落、堆积于坡面，部分孤石滚落至下方灌溉渠道平缓处。

4 日上午，四川省地质矿产勘查开发局四〇二地质队地质灾害应急处置分队奔赴灾点一线进行应急处置，迅速开展高强度实地探勘和调查工作，运用无人机对受灾点进行地毯式扫描，迅速掌握受灾情况和地质条件，对崩塌体上方危岩体进行土钉加固，采用静态爆破的方法对悬在村民居住区上方的

6 块巨大孤石进行破碎清理，仅用 10 天就完成了应急处理任务。21 日，新屋组村民重新回到家中。

8 月 9 日，平华村区域出现暴雨黄色预警信号，汨罗市自然资源局地质灾害指挥中心再次转发给新屋组崩塌区所在乡镇及驻点监测员，启动预警。

9 日 6 时，驻点监测员发现危岩体有透水现象并上报，当地政府再次紧急将下方居民转移安置。

9 日 8 时，发生第二次崩塌，崩塌体积约 3000 立方米，大量崩塌岩块沿山坡滚落，造成围山渠道被淹没堵塞。由于转移及时，未造成人员伤亡及财产损失。

二、北京市房山区“7·22”佛子庄108国道复线崩塌避险

（一）案例概况

2021年7月22日12时许，在北京市房山区佛子庄以西、大石河以北的108国道复线K12+800处，岩体拉裂，发生崩塌。随后又发生了两次崩塌，道路内最大崩落岩体直径约1.8米，后方崩塌滑落石块最大直径约2.5米，累计崩塌体积约40立方米，未崩塌危岩体体积超过500立方米（已紧急采取工程措施治理潜在危害）。灾害发生过程中，启动声光电预警设施，采取道路管控措施，累计劝返通行车辆50余辆、80余人次，未造成人员伤亡（图3–2）。

图3–2　设置锥形路标引导车辆避让落石并劝返路过车辆

（二）地质成因

灾害点位于房山区佛子庄以西、大石河以北的108国道复线旁，总体呈东西向展布。该段边坡普遍发育高陡节理，其中与坡向走向近乎平行的节理对边坡稳定性影响最大。在风化、重力及水动力作用下，表面普遍遭受风化的岩石，易发生崩塌与掉块危险。该斜坡带多为中等风化岩石，受附近构造条件及岩性的影响，风化程度及风化带厚度不均一。岩体发育多组裂隙，岩体结构以碎裂结构为主，整体稳定性差，局部块体发生破坏，在连续降雨或震动作用下容易发生局部滑塌与掉块等破坏现象。崩塌形成的主要原因是筑路开挖坡脚使坡体失去支撑，导致坡体悬空，上方岩体因拉裂而形成崩落和滑塌。

（三）主要做法与成效

“京房 -G108- 佛子庄站”灾害点早被列入京津冀协同发展交通网络地质安全监测预警系统监测范围内。该系统针对北京地区重要交通网络地质安全路段，建立了36处地质灾害监测站，运用位移、变形、雨量、地下水位等众多监测构成的监测网，不受地域限制，通过全天候实时视频监控与地质数据智能采集，对地质安全隐患点展开远程动态监测，建立预警信息发布与反馈通道，确保预警信息及时送达。

2021年7月12日，北京经历了一轮强降雨，该处监测站点坡体位移和倾角监测数据出现异常，至20日，几处设备监测到累计位移均有不同幅度的持续增长。经现场工作人员分析和研判，区域内监测设备发生同向累计位移且趋势明显，区域内落石明显，崩塌体上部可见悬空或悬挑式岩块，岩缝内可见渗流，发生崩塌地质灾害风险较大。项目组发布预警通知单，预警等级为Ⅱ级（警戒级）。

20日16时起，项目组按程序向北京市规划和自然资源委员会、北京市交通委房山区公路分局等有关部门通报预警信息。房山区公路分局采取相应道路管控措施，封闭半幅道路。至22日，其间项目组按照流程持续关注和监测预警系统数据的变化情况，加强巡查巡视，随时反馈现场情况，向各方通报监测数据的最新变化情况。

22 日 12 时许，该处发生山体小型崩塌，崩塌碎石散落在路面及挡墙上部，碎石最大直径约 100 厘米，影响范围约 35 米 ×20 米，道路被整幅阻断（图 3–3）。

图 3–3　发生崩塌后的路面及挡墙上部的落石

此次突发地质灾害监测提前 44 小时超前预警，由于预警及时、疏散避让得当，未造成任何车辆损失及人员伤亡。中国自然资源报、中国矿业报、北京日报、北京青年报等主流媒体聚焦报道，随后中央媒体、北京市属媒体、行业媒体等进行跟踪报道，引发社会广泛关注（图 3–4，图 3–5）。

A2 青评论

“提前预警崩塌险情”值得认真总结

溯源新冠病毒须及时消杀“政治病毒”

图 3–4　北京青年报报道版面

泰安市地灾气象预警系统上线运行

北京成功避让一崩塌险情

图 3–5　中国自然资源报报道版面

9月23日，根据站点位移监测设备的监测结果，并结合现场地质环境，现场工作人员认为该处发生大规模崩塌的可能性大，随即按程序向北京市规划和自然资源委员会报送预警通知单。

24日，房山区公路分局收到房山区人民政府转来《北京市规划和自然资源委员会关于崩塌预警险情的函》，在预警系统持续提供技术支持和数据支撑的条件下，决定采取工程治理措施来消除地质灾害隐患。为配合工程治理，经主管部门批准，项目组拆除监测设施，至此“京房–G108–佛子庄站”监测工作结束。

三、广东省深圳市 “8 · 18” 仙桐体育公园足球场北侧崩塌避险

（一）案例概况

2021 年 8 月 18 日 15 时，深圳市罗湖区突发短时强降雨，仙桐体育公园足球场北侧边坡在短时间内连续发生两次局部小型崩塌（图 3–6）。灾害前 20 分钟，仪器监测到现场数据大幅突变，触发罗湖区地质灾害自动化监测平台的红色预警。平台预警短信在 1 分钟内发出，仙桐体育公园迅速采取闭园措施，疏散现场数 10 名游客，从而避免出现人员伤亡。

图 3–6　仙桐体育公园足球场北侧边坡崩塌现场

（二）地质成因

仙桐体育公园位于罗湖区莲塘社区、梧桐山国家级风景名胜区南麓，由两处废弃石场改造建成。公园东侧及北侧边坡为岩质边坡，主要由中、微风化岩组成，顶部表层分布少量坡残积砂质黏性土及强风化凝灰岩，坡面裸露。

2021 年 8 月 18 日下午 15 时 43 分，仙桐体育公园区域当日累计降水量 113.4 毫米。该处安装的智慧边坡预警系统监测到数据发生大幅瞬时变化（图 3–7），并触发红色预警。该监测点的服务单位马上发出预警通知。

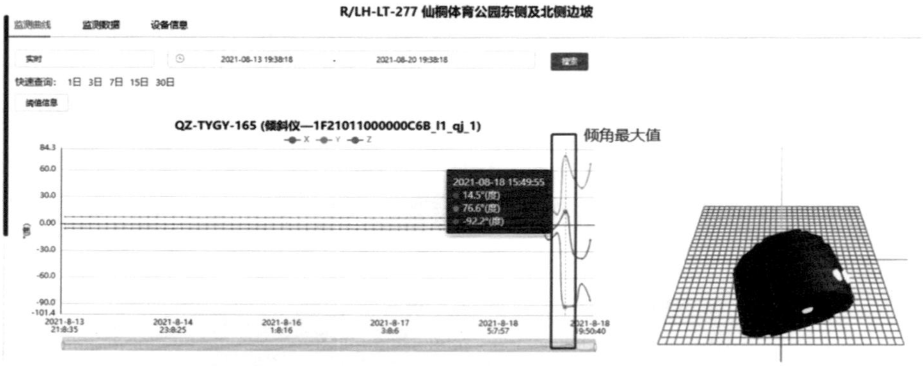

图 3–7　监测点倾斜数据变化示意图

预警发生后，仙桐体育公园足球场北侧边坡分别于 16 时 03 分、16 时 06 分发生两次局部小型崩塌。通过现场调查，仙桐体育公园足球场北侧崩塌体顺坡长约 5 米，宽约 2 米，厚度约 2 米，崩塌方量约 20 立方米。崩塌体主要由砂质黏性土和强风化凝灰岩组成，堆积于坡面、坡脚，

（三）主要做法与成效

2020 年底，当地对 29 处危害程度较高、威胁人数较多的重大边坡隐患点开展自动化边坡监测预警建设工作，投入 276 套自动化监测设备，以信息化手段、自动化监测等方式实现了 24 小时全天候实时监测预警。仙桐体育公园足球场北侧的边坡便是 29 处危险边坡之一，共布设监测设备 17 套。

罗湖区地质灾害和边坡隐患自动化监测系统能够实现全自动智能化的边坡监测预警，全方位支撑日常监测预警，也可为行业专家提供风险成因、发展趋势的深度分析及多场景辅助决策，使地灾隐患清除逐步实现主动预防。

当日受暴雨影响，智慧边坡预警系统监测到仙桐体育公园足球场北侧某监测点，倾斜、加速度、位移等各项监测数据发生大幅瞬时变化，均触发红色预警。根据视频监控辅助分析判断，受短时强降雨影响，仙桐体育公园足球场北侧边坡出现崩塌前兆。经过迅速研判，监测服务单位和区应急管理局迅速启动预警机制，将预警信息发布到各地质灾害巡查责任人，仙桐体育公园迅速采取闭园措施，属地莲塘街道办和园区工作人员第一时间对园区内滞留人员进行了疏散，并对研判可能涉及区域设置警戒线，实行封控措施。预警信息发布 20 分钟后，监测点处发生两次小型崩塌，从边坡滑落强风化岩碎石和泥土，因预警及时，有效避免了可能出现人员伤亡的事件发生。

四、山西省汾西县“10·5”南街社区崩塌避险

（一）案例概况

山西省汾西县南街社区崩塌灾害隐患点，位于汾西县县城南部边缘，属小型崩塌隐患点，受威胁居民有24户67人，受威胁财产298万元。2021年10月5日19时15分左右，受强降雨影响，该隐患点东侧崩塌体发生崩塌，坡下13孔土窑洞、两间砖窑被掩埋，当日撤离人员6户10人，避免直接经济损失125万元。6日9时15分，该崩塌体西侧土体再次崩塌，1户房屋受损、1户被掩埋，提前撤离2户5人，避免直接经济损失26万元（图3–8）。

图3–8　山西省汾西县南街社区崩塌隐患点现场

（二）地质成因

汾西县县城处于吕梁山脉南段东部东西向的黄土梁上，冲沟发育，且沟深坡陡。城市的扩展使得沟口及两侧的斜坡地带成为建筑场地和生活场所。由于斜坡顶部楼房密集，距离坡顶边缘有效距离较短（平均约 8 米），坡体较高，斜坡较陡，且有大量堆积物，在雨水长时间的侵蚀作用下，边坡原有的天然平衡状态很容易被破坏，发生崩塌（图 3–9）。

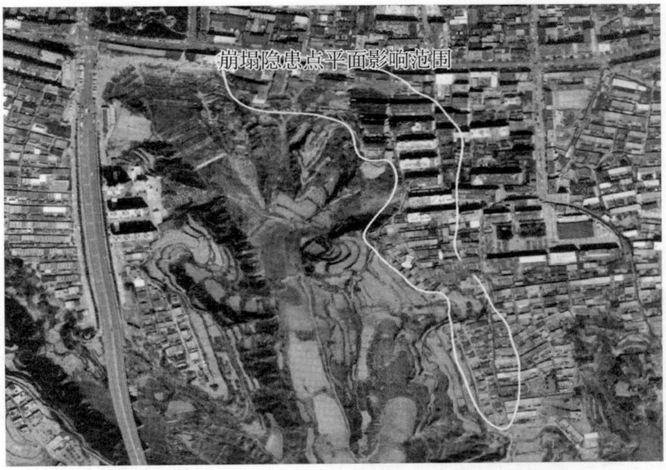

图 3–9　山西省汾西县南街社区崩塌隐患点平面影响范围分布示意图

该处居民排水管道出口分布在陡坡坡面上，排水对斜坡造成严重侵蚀，使得沟谷不断加深，两侧陡坡不断扩张。坡脚树木部分根系出露，根劈作用催生裂隙发育。危岩体为黄土陡坎中上部受排水及植物根系侵蚀，节理张开所形成。坡顶道路发生过坍塌，经多次修复，仍可见一处路面垮塌，居民院墙外墙脚地面出现裂缝。坡脚处有 4 间窑洞，其中一间已损毁，最东侧房间窑顶有明显下沉迹象、东侧墙壁可见局部凸起。该处可见多处崩塌堆积体，均呈锥形堆积，堆积体平均厚度为 1.5 米，堆积面积为 5 平方米，体积为 7.5 立方米。

（三）主要做法与成效

2021 年国庆期间，汾西县遭遇大范围持续强降雨袭击，县城降雨超过 230 毫米，地质灾害防治形势严峻。

10 月 4 日，汾西县全县紧急调度部署，汾西县人民政府包片领导、各乡镇（社区）和防治单位的防治人员联合分组入户，逐门逐户排查，对排查中发现窑房渗漏、墙体裂缝、坍塌、沉陷的住户一律撤离避险。

5 日 10 时 31 分，监测员巡查途中听到监测仪器发出报警，并收到平台红色预警信息（图 3–10），立即对隐患体周围进行了巡查观测，未发现威胁区有人，随后上报社区管理委员会，对该隐患点实施 24 小时不间断巡查。包片领导深入崩塌隐患点重点区域，逐家逐户排查房屋 76 间，命令 37 户 96 人立即紧急避险，撤离危险区域，至 18 时，所有人员全部撤离。

图 3–10　监测仪器发生崩塌位移后及时发布预警信息

5 日 19 时 15 分，当地发布地质灾害气象风险Ⅱ级（橙色）预警，社区再次排查人员撤离区，防止人员返回，安排居民委员会及监测员密切监测防范。随后，隐患点东侧崩塌体发生崩塌，坡下 13 孔土窑洞、两间砖窑被掩埋，涉及 6 户 10 人，避免直接经济损失 125 万元。

6 日 9 时 15 分，该崩塌体西侧土体发生崩塌，导致 1 户房屋受损、1 户被掩埋，因提前撤离 2 户 5 人，避免直接经济损失 26 万元。

五、湖北省兴山县“3·21”阳泉村崩塌避险

（一）案例概况

2022 年 3 月 21 日 18 时 40 分，湖北省宜昌市兴山县南阳镇阳泉村二组彭家院子后山发生一起崩塌（图 3–11），崩塌体积约 4700 立方米，造成周边房屋、村道、农田不同程度地受损。因地质灾害气象风险提前预警，及时撤离人员，避免可能人员伤亡 13 户 40 人。

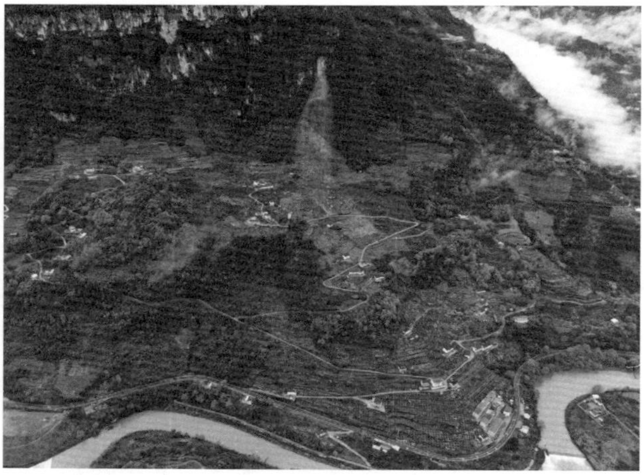

图 3–11　兴山县阳泉村崩塌区无人机远景照片

（二）地质成因

该崩塌灾害点位于兴山断裂东盘。崩塌区域山高坡陡，临空条件良好，灰岩岩性脆硬，但风化、溶蚀现象严重。崩塌发生前，兴山县遭遇强降水，

大气降水沿裂隙缝渗入岩体中，加上生长在岩体裂隙中的植物根系对裂隙壁产生挤压，岩体裂隙扩大，从而引起岩体破坏变形。此次崩塌总体规模纵长约 55 米，平均宽度约 17 米，平均厚度约 5 米，面积约 935 平方米，总方量约 4675 立方米。

（三）主要做法与成效

2022 年 3 月 20 日，湖北省、宜昌市、兴山县各级政府先后对兴山县加密发布地质灾害气象风险预警和强降水预警，兴山县自然资源和规划局、南阳镇人民政府、南阳自然资源所立即响应，加强巡视排查工作。

21 日 17 时，村民听到屋后有岩石滚落的声音，迅速反映给网格专管员。专管员在巡查时发现后山陆续有小块的岩石滚落，立即组织该户村民及周边邻居共 4 户 11 人撤离，并上报情况。兴山县自然资源和规划局、南阳镇人民政府、自然资源所接到上报后，迅速带领湖北省地质局水文地质工程地质大队专家到场，通过科学研判及会商，划定危险范围，后由镇政府、村委会组织并紧急转移 49 户 106 人。18 时 40 分，该处发生崩塌，体积约 4500 立方米，砸毁坡脚 2 间民房，另 3 间民房均不同程度受损。因人员撤离及时，未造成人员伤亡。

第二节 滑 坡

一、重庆市云阳县“7 · 17”云阳镇团包滑坡避险

（一）案例概况

2020 年 7 月 17 日下午，受连续强降雨影响，重庆市云阳县云阳镇三坪村团包滑坡中前部发生强烈变形，造成一栋房屋垮塌。滑坡共威胁 49 户 191 人（常住人口 12 户 19 人）的生命财产安全，同时影响乌梅路（进出云阳县县城供水水源——梅峰水库的唯一道路）上过往车辆及行人的安全。因预警及时并对受威胁 2 户 4 人进行了应急避险撤离，无人员伤亡，避免直接经济损失 300 万元。

（二）地质成因

该滑坡位于重庆市云阳县云阳镇三坪村，团包滑坡整体呈箕形，滑坡纵长约 570 米、横宽约 260 米，为一大型牵引式岩土混合质滑坡（图 3–12）。该滑坡在 2014 年 9 月发生初次变形后，一直处于蠕滑变形阶段，已被列为重要地质灾害点。2020 年 6 月中旬至 7 月中旬，该区域经历 4 次极端强降雨天气。7 月 17 日 15 时，受连续强降雨诱发，团包滑坡中前部再次发生强烈变形，滑坡中前部布设的智能化监测设备（图 3–13）监测到监测值均达到预警值，发出预警信号。监测人员进行现场应急调查，发现滑坡前缘公路上新增一条长约 7 米、宽约 5 厘米、下挫 0.2 厘米的裂缝，滑坡前缘右侧公路边坡出现鼓胀变形和约 1000 立方米的崩塌，崩塌体推移至公路上，造成交通断道。

图 3-12　团包滑坡监测平面示意图

图 3-13　团包滑坡中前部布设的智能化监测设备

（三）主要做法与成效

调查人员根据滑坡历年来的主要变形特点，结合滑坡中前部布设的智能化监测设备的监测数据及现场应急调查成果，判断滑坡中前部已处于临滑状态，立即圈定危险区范围，并第一时间组织受威胁居民紧急撤离避险，并上报险情。

接到预警信号后，地质灾害群测群防员、片区负责人、驻守地质队员、区县技术管理员“四重”网格员协调联动，紧急开展了雨中巡查，划定危险区域，并发出紧急撤离避险指令。15 时 40 分，滑坡威胁范围内的居民 2 户 4 人全部成功撤离，转移到事先确定的安置场地。

此次成功预警得益于重庆市“四重”网格地质灾害群测群防监测体系：一是根据地质灾害隐患点的变形破坏特征，布设了监测设备，实现了监测数据的自动化采集及自动化控制；二是数据的智能分析和智能预警解决了传统群测群防的预警问题；三是通过对长期的监测数据进行分析，实现了地灾隐患点稳定性评价及趋势分析；四是地灾隐患点出现变形后，通过综合数据分析，为地质灾害减灾防灾决策提供了技术依据。

二、四川省中江县“8·15”集凤镇九股泉村十二、十三组滑坡避险

（一）案例概况

2020 年 8 月 15 日 10 时许，位于四川省中江县石泉水库坝后约 300 米处的岸坡突发明显滑坡变形，由于预警预报信息发布及时、抢险措施到位、提前避让果断、防灾机制运转高效，此次灾害无人员伤亡，直接避免了 96 户 239 人的生命及财产遭受威胁，避免经济损失约 4000 余万元。

（二）地质成因

8 月 15 日，此地突发明显滑坡变形，后缘壁下挫明显（后缘道路多处下沉挫断），滑坡体上房屋、地面出现大量裂缝，滑坡整体变形范围为：横向宽约 600 米，纵向斜长约 420 米，总体积约 300 万立方米。滑坡处于快速变形阶段，直接威胁坡面九股泉村十二、十三组 96 户 239 人的生命及财产安全，潜在经济损失约 4000 余万元。该滑坡位距离下游石泉场镇较近（约 500 米），如若滑坡变形继续发展，一旦发生破坏，可能会影响水库坝体稳定性，从而影响石泉场镇安全，因此此次滑坡灾害影响重大（图 3–14）。

图 3-14　九股泉村十二、十三组滑坡示意图

（三）主要做法与成效

8 月 15 日 10 时许，九股泉村村支部书记巡查时，发现石泉水库坝后约 300 米处的岸坡有明显变形迹象，立即上报险情；中江县自然资源局立即调派专业技术人员赶赴现场，并报请德阳市局组织专家赶赴现场指导应急抢险处置工作。

在当地自然资源局、专业队伍、镇政府、派出所等协作下，受威胁群众转移至预定的避险场所（原石泉乡人民政府办公楼及派出所），派出所民警对危险区房屋进行逐户清查，对不愿撤离的 3 名群众实施强制撤离措施，确保受威胁群众全部撤离。至 10 时 50 分左右，九股泉村十二、十三组 239 人全部紧急转移完毕。

11 时左右，滑坡体进入快速变形阶段，3 户房屋瞬间倒塌，90 户房屋均有不同程度的拉裂损毁。人员撤离后，严防严控，对滑坡区域道路进行了断道封闭处置，对撤离人员进行了妥善安置，严防人员私自返回滑坡危险区。

此次地质灾害预警得益于群测群防体系的高效运转。一方面，近年来当地各级自然资源主管部门探索践行风险管理理念，将地质灾害发生可能性大、风险高的区域列为重点监测区，完善防灾预案、落实专职监测员、畅通预警渠道、强化宣传培训，落实雨前排查、雨中巡查、雨后核查“三查”机制，为防灾避险夯实了基础。另一方面，避险撤离管控严格到位。中江县自然资源局、集凤镇政府在转移受威胁人员时，加强现场动态管理，对不愿意撤离的3名群众实施“强制撤离+实时管控”，有效避免了因灾伤亡。

三、湖北省恩施市“7·21”屯堡乡马者村沙子坝滑坡避险

（一）案例概况

2020年7月21日，湖北省恩施土家族苗族自治州恩施市屯堡乡马者村沙子坝发生滑坡变形，体积约144万立方米（图3-15）。滑体顺沟道滑入清江，形成堰塞湖，损毁118户居民房屋、省道750米、村级公路4000米、农田613.52亩[1]、林地123亩、高压电塔5座，直接经济损失5800万元。其下游大龙潭水库为恩施市的主要水源地，滑坡致使恩施市自来水供给中断，且对上下游居民、屯堡集镇、电站构成严重威胁，潜在经济损失约4亿元。由于监测发现报告及时，先期处置得当，共转移人员1963户8397人，未造成人员伤亡。

图3-15　沙子坝滑坡全貌

[1] 1亩≈666.7平方米。

（二）地质成因

沙子坝滑坡平面呈长箕状，前缘高 650 ~ 720 米，后缘高 930 ~ 950 米，滑坡体南北纵长 1200 ~ 1600 米，东西横宽 500 ~ 700 米，均厚 24.5 米，面积为 80 万平方米，体积为 1960 万立方米，为一特大型岩土混合型滑坡。后缘位于崩坡堆积缓坡平台，两侧缘总体为冲沟控制，前缘为岩溶陡崖（清江）控制。滑坡上部为宽缓平台，主要为居民区，省道从滑坡区内上部横穿。滑坡体上部发育一级滑坡平台，面积为 1.3 万平方米，中下部以下平均坡角约 20°，坡面上多被开垦为农田和水果大棚，居民零星分布。

沙子坝滑坡区地处巫山流脉和武陵山北上余支交汇部，区内万山重叠，沟壑纵横，道路崎岖，关隘四塞。滑坡位于清江北岸凹岸，岩溶陡崖发育，地势总体呈北高南低、西高东低。斜坡总体为一汇水凹坡，两侧冲沟相夹，斜坡地形较陡，为滑坡形成提供了有利地形条件。

2020 年 7 月 16 日、17 日沙子坝地区连续强降雨，滑坡体近后缘、省道、多处房屋及地面形成拉裂缝。19 日滑坡变形加速，20 日滑坡变形加剧，形成厚 5 ~ 10 米超覆堤埂，导致右岸坡体 100 米范围内产生数条近北东向侧向剪切裂缝，左岸凸梁产生大量斜向下挫裂缝。21 日沟道内滑体在蓄积大量地表水作用下顺沟产生滑动，5 时 30 分左右，滑坡体流入清江，形成堰塞湖，10 时 15 分漫堤溃流，随着水的冲刷，水位缓慢降低。滑坡影响沙子坝地区人员 1963 户 8397 人的生命财产安全。

（三）主要做法与成效

自 20 世纪 70 年代以来，该片区域发生过不同程度的地质滑坡现象。2020 年 7 月以前，该滑坡变形监测范围在省道下方滑坡凹槽后缘壁以下、滑坡凸梁以西区域。因变形逐年加剧，于 2020 年 5 月启动了治理立项工作。

2020 年 6 月 8 日以来，恩施市持续强降雨，时间长、雨量多、强度大，诱发马者村沙子坝滑坡发生变形。7 月以后，受百年一遇连续强降雨影响，滑坡变形加剧。特别是 7 月 16 日、17 日连续强降雨，滑坡体近后缘、省道、多处房屋及地面形成拉裂缝。

7月21日，沟道内滑体在蓄积大量地表水作用下顺沟产生滑动，5时30分左右滑坡体流入清江，形成堰塞湖，同时沟槽东侧凸梁变形，主滑面被击穿，滑坡凸梁产生密集横向拉张裂缝，形成横向拉裂槽，滑坡前缘凸梁西半滑体溢出，部分滑体滑入清江。

21日10时15分，漫堤溃流，随着水的冲刷，水位缓慢降低。滑体入江形成堰塞湖后，当地及时成立了应对处置专班，组织专家团队、武警、公安、消防等应急处置力量600余人，第一时间赶赴马者村沙子坝一线，启动专业监测预警，研究群众紧急避险转移等工作。对滑坡体影响范围拉设警戒线、设置警示牌，安排人员24小时值班值守，严格管控行人、车辆通行；根据专家意见，组织公安干警、消防应急、乡村干部、“尖刀班”300余人，进村入户，迅速转移沙子坝滑坡区、受堰塞湖影响的上下游群众。迅速启动了“堰塞湖—上游水库—下游大龙潭水库、城区”的“联调联控”调度机制，采取了“上冲、下泄、及时预警”措施。一方面，加大堰塞湖上游云龙河水库下泄流量，对堰体进行冲刷，降低堰体高程，减少堰塞湖威胁；另一方面，对下游大龙潭水库进行泄洪腾库，应对可能发生的堰塞湖瞬间溃坝风险，同时对滑坡点上下游片区，特别是恩施土家族苗族自治州进行预警提示，制定受威胁区群众撤离安置应急预案。

截至21日15时，受威胁区内人员已全部转移，并得到妥善安置，共转移1963户8397人。同时，对转移人员进行情绪安抚、心理疏导，安排好必要的生活物资。由于监测预警及时，受影响人员转移及时，未出现人员伤亡。

四、甘肃省灵台县“10 · 3”南店子村东庄社滑坡避险

（一）案例概况

2021 年 10 月 3 日 22 时，甘肃省灵台县中台镇南店子村东庄社发生山体滑坡，造成 18 户 443 间房屋不同程度地损毁，受灾人数共计 317 人。损毁道路 450 米、农田 110.8 亩，损毁电力、通信、供水、天然气等基础设施若干，财产损失共计 6296.9 万元左右，险情等级属大型。经现场风险摸排，紧急动员，将可能受威胁的 880 余名人员撤离至安全地带。

（二）地质成因

该滑坡按物质组成划分，属黄土滑坡；按运动形式划分，属推移式滑坡。滑坡后缘宽约 440 米，前缘坡脚宽约 505 米，主滑方向坡长约 342 米，高差 82.5 米，滑向 8°，平均坡度约 10°。初步推断滑坡平均厚度约 20 米，体积约 300 万立方米，规模等级为大型（图 3–16）。

在地貌类型上，滑坡发生区域属于黄土梁峁区与达溪河河谷地貌交界地带，为一处自然斜坡。斜坡高差约 150 米，整体坡度约 30°，具有多级平台，宽 5 ~ 20 米，有利于地表水汇集、入渗，为滑坡发生提供了有利地形地貌条件。

滑坡所在斜坡体地层主要为第四系风积黄土，上部披覆薄层马兰黄土，下部为大厚度离石黄土。马兰黄土孔隙发育，结构松散，垂直节理裂隙发育，湿陷性强，遇水易崩解，强度显著较低。离石黄土结构相对较为致密，具有一定的隔水性，裂隙较为发育。地表水通过上部松散马兰黄土下渗至

图 3-16　滑坡平面示意图
注：框线内为滑动后建筑位置

下部离石黄土，沿裂隙入渗、扩散，在贯通性裂隙中汇集、滞留，易于灾害发生。

（三）主要做法与成效

10 月 3 日 21 时 48 分，中台镇干部在汛情值班时发现国道 G244 南店子村段出现裂缝、路灯倾斜，迅速报告中台镇政府和灵台县委、县政府。随后镇干部立即通过广播、敲锣、手持喇叭等形式，组织群众紧急撤离。

22 时左右，发生滑坡灾害，滑坡推移式特征明显，滑坡后缘下挫约 40 米，不断推移下部滑体向前移动，滑动最大距离约 35 米。

灾情发生后，甘肃省自然资源厅安排市县自然资源部门紧急衔接地质灾害防治技术支撑单位，开展地质灾害应急调查与监测，随后安排甘肃省自然资源厅地质灾害防治技术指导中心组织技术人员携带无人机、全球导航卫星系统（Global Navigation Satellite System，简称 GNSS）位移计、裂缝计等设备到达滑坡现场，会同市、县自然资源局及相关技术单位工作人员组成联合调查组，迅速开展应急调查与监测等工作。

7 日上午，专家组赶赴滑坡现场，开展调研指导，分析研判滑坡发展趋势、威胁范围等，查明了滑坡基本特征与形成原因，分析了滑坡在不同条件下的稳定性，完成 9 台 GNSS 位移计（含 1 台基站）和 1 套裂缝计的安装调试，监测数据已纳入省级监测预警平台，指导灵台县自然资源局加强监测预警数据分析和研判。

经过分析和研判，当地采取多种应急处置措施：一是加强滑坡危险区的管控，做好危险区的警戒和隔离工作，确保24小时值守，严禁无关人员进入危险区；制定完善的应急避险预案，尽快组织开展避险演练。二是强化监测预警，加强滑坡周边的巡查、排查，强化群测群防，一旦出现险情，及时上报，协调专业技术支撑队伍派人值守，利用前期安装的应急监测设备分析和研判监测数据，随时开展应急处置。三是开展应急勘查，制定完善的应急勘查方案，通过钻探、坑探、测绘等工作，进一步查清滑坡特征、规模，划定准确危险范围，编制应急治理方案。

五、贵州省三都水族自治县“6·20”拉揽村高寨滑坡避险

（一）案例概况

2021 年 6 月 20 日 4 时 30 分，贵州省黔南布依族苗族自治州三都水族自治县三合街道拉揽村高寨二、三、四、六组后山发生滑坡，体积约 5 万立方米，造成 54 栋房屋损毁，涉及 54 户 250 人，直接经济损失 1192 万元，灾情等级为特大型（图 3–17）。由于避险撤离及时，无人员伤亡。灾害发生后，滑坡区顶部约有 8000 立方米的残留松散堆积体，滑坡堆积区前缘约有 3 万立方米的堆积体，威胁 151 户 664 人的生命及财产安全，潜在经济损失 4850 万元，险情等级为特大型。为防止发生二次滑坡伤害，对可能受威胁的人员进行了有序撤离。

图 3–17　三都水族自治县拉揽村高寨滑坡全貌及分区示意图

（二）地质成因

滑坡区及周边地形的自然坡度在20°～60°之间。滑坡体在斜坡体中上部甚至接近顶部，导致滑坡体所处斜坡坡度陡，一般约40°～50°，局部达到60°。滑体至下方村民房屋最大高差为258米，加之该区域处于两山夹一沟地貌，且滑坡体均处于冲沟内，有利于降雨补给，不利于斜坡体稳定。因此，不利的地形地貌因素是导致本次地质灾害发生的内部原因之一。

根据区域地质资料，结合实地勘查，滑坡区位于黔东凯里－三都断裂带上，主要的发育方向为近南北向与北北东向。区内岩体可见多处小断裂与小褶皱，岩体产状变化较大，岩体节理裂隙发育。地质构造导致该区域岩体节理裂隙发育，岩体破碎，为岩体的风化提供了物质条件，也是导致本次地质灾害发生的原因之一。

（三）做法与成效

滑坡发生后，三都水族自治县立即启动救灾应急预案，成立了县委、县政府主要同志担任组长的拉揽受灾点救援领导小组，全力开展灾情处置工作。州、县两级自然资源部门第一时间派工作组赶赴现场，开展应急处置指导，并及时组织技术保障单位、地质灾害详细调查及风险评价项目承担单位对滑坡区开展并完成应急调查，为灾害处置提供技术支撑。

经应急处置，受威胁区域群众全部撤离，现场划定威胁区域、设置警示标示标牌、落实防治责任人、安排专人开展巡查监测，安排人员设卡值守，禁止无关人员进入危险区，灾情险情得到有效控制。

随后，三都水族自治县成立灾害处置指挥部，下设现场工作、道路交通和通信恢复、地质灾害隐患排查及鉴定评估、资金保障、住房保障、产业发展指导、信息报送、舆情监测、作风监督共九个工作组，开展救助安置过渡工作。

之后，三都水族自治县编制搬迁避险方案，积极争取政策资金扶持，贵州省自然资源厅拨付1800万元补助资金，推进后续搬迁工作。

第三节 泥石流

一、四川省木里藏族自治县“6 · 9”项脚沟流域火灾次生泥石流避险

（一）案例概况

2020 年 6 月 9 日 17 时 10 分左右，四川省凉山彝族自治州木里藏族自治县项脚蒙古族乡阿牛窝子组发生泥石流。由于预警发布及时，启动应急措施果断，临灾处置措施得当，及时撤离和转移沟道沿途两岸群众 78 户 386 人，避免 2 户 11 人因灾伤亡，实现了成功避险。

（二）地质成因

项脚沟流域位于四川省凉山彝族自治州木里藏族自治县项脚蒙古族乡，流域面积约 30.2 平方千米，主沟长约 8.4 千米，沟域最高点高程 4160 米，相对高差 1910 米。从地貌上看，该流域属高山峡谷地貌，地形切割剧烈，沟域共发育 5 条较大支沟，沟道狭窄，多呈窄“V”形（图 3–18）。

从气候上看，该流域属北亚热带气候，干湿分明，雨季集中，气温年较差小，日较差大，湿度小，日照长、四季变化不明显，风大且多偏南风。多年平均降水量为 818.2 毫米，其中 5 月至 10 月汛期的多年平均降水量为 766.3 毫米，占全年降水量的 93.66%；6 月的多年平均降水量为 171.00 毫米，

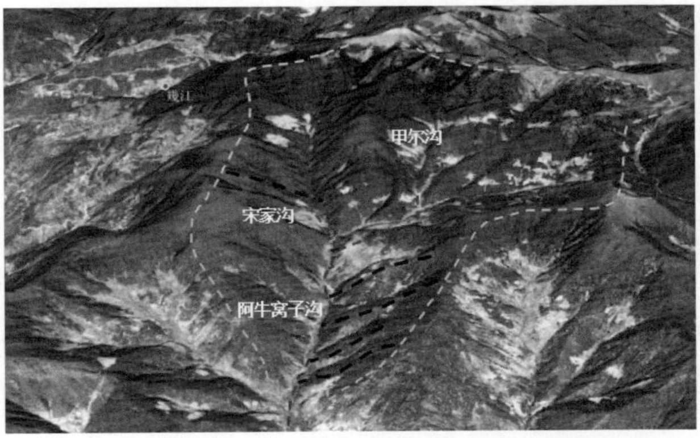

图 3–18　项脚沟流域示意图

占全年降水量的 20.90%。

2020 年 3 月 28 日 19 时 30 分，四川省木里藏族自治县乔瓦镇锄头湾村与项脚蒙古族乡项脚村交界处发生森林火灾，次生隐患多。

6 月 9 日 16 时 30 分，阿牛窝子组发生强降雨激发泥石流，根据当地调查结果，项脚沟内已查明地质灾害隐患点高达 3 处，直接威胁着项脚蒙古族乡下辖 3 个行政村约 1300 人的生命及财产安全。

受气候、地形及火灾等诸多因素影响，当地泥石流灾害隐患居高不下，且灾害多发生在夏季。

（三）主要做法与成效

2020 年 6 月 9 日 16 时 28 分，当地监测人员发现将有雷暴大雨降临，当即发出预警信息。随着天气变化，预测暴雨马上来临，泥石流即将发生，立即又发出预警，通知项脚沟下游项脚坝子的群众紧急出屋、撤离避让，不能待在家里。多位监测人员、沿途群众密切关注天气，上下游联动。

16 时 30 分，项脚沟上游的巡山员提示山头已经开始下雨。上游监测人员立即将山上即将下暴雨、可能发生泥石流的信息电话报告乡党委、政府，并通知、组织周边群众紧急避让，随后于 16 时 54 分拍摄上游沟道已经通过的泥石流照片分享到微信工作群，紧急通知下游避让泥石流。

乡党委、政府接到报告后，第一时间赶赴沟道左侧的阿牛窝子沟集中安置点现场，并立即启动应急预案，及时组织群众按照之前演练的路线转移、撤离，抢险救援队伍也及时到达现场。

15 分钟内，完成从上游第一条预警信息发出，到沟道沿途两岸 6 个村民小组的 78 户 386 人全部撤离到安全地带避让。

17 时 10 分左右，当泥石流“龙头”通过人口最集聚的阿牛窝子沟集中安置点沟道时，所有村民已提前撤离到安全地带避让。

本次激发泥石流的短历时点状暴雨仅发生在山头沟源附近，强降雨持续时间仅 10 分钟，沟道中、下游均未降雨，附近雨量站也没有实际降雨量记录。

由于预警发布及时，启动应急措施果断，临灾处置措施得当，及时撤离转移沟道沿途两岸群众 78 户 386 人，避免 2 户 11 人因灾伤亡，实现了成功避险（图 3–19，图 3–20）。

图 3–19　甲尔沟受灾前和受灾后对比

图 3–20　阿牛窝子沟受灾前和受灾后对比

二、云南省泸水市“10 · 22”老窝镇松茅沟泥石流避险

（一）案例概况

2020 年 10 月 22 日，云南省泸水市松茅沟上游出现大到暴雨，地质灾害监测员沿河通知泥石流沟谷内和两边群众赶紧撤离，并组织金竹岭新村群众撤离。当天 10 时 55 分左右，泥石流经过荣华村一组；11 时，经过金竹岭新村，冲入老窝河。此次泥石流灾害来势凶猛、破坏程度大，造成金竹岭新村断水、断电，从漕涧、兰坪到泸水的公路完全中断，多处房屋不同程度地受损，多辆车辆被冲毁，据统计造成直接经济损失 8151 万元（图

图 3-21　泥石流沟中下游形态

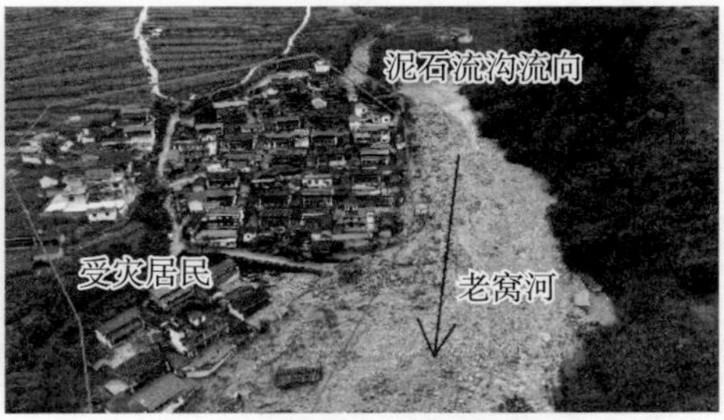

图 3-22　泥石流沟口堆积情况

图 3-23　泥石流冲毁房屋情况

3–21 ～图 3–23）。因平时演练到位，加上预警及时，撤离果断，无人员伤亡，之后采取投亲靠友、集中安置等方式，97 户 371 人得到妥善安置，生活保障到位。

（二）地质成因

松茅沟泥石流位于云南省泸水市老窝镇荣华村与中元村交界处，流域面积约 5.0 平方千米，主沟长 4.65 千米，共发育 5 条较大支沟，最高点海拔约 3033 米，沟口海拔约 1862 米，属怒江流域老窝河右岸一级支沟。区域构造复杂，山高谷深，地形险峻，属高山峡谷地貌区。松茅沟上游两岸地形陡峭，沟道狭窄多呈“V”字形，植被发育较好，覆盖率高达 75%，下游地形逐渐开阔，两岸地形坡度为 30°～40°，局部较陡，沟道呈“U”字形，两岸多为坡耕地，村庄密集分布。

区域内属印度洋热带季风气候，表现为干湿明显。随着海拔的上升，气温下降，降水量增加，形成“一山分四季，十里不同天”的立体气候特征；水汽来源于西南向，降水量主要受孟加拉湾暖湿气流影响，降水在一年内分配不均，季节性强，5 月至 10 月为雨季，半年降水量约占全年的 77.1%；11 月至次年 4 月为旱季，半年降水量约占全年的 22.9%。受构造、地形、气候及人类活动等影响，泸水市多年以来地质灾害多发、频发，且多集中在雨季期间。

（三）主要做法与成效

2012 年 6 月 4 日和 2013 年 7 月 10 日，该地分别有两次降雨产生的洪水带动着松散物质至松茅沟中部停滞，未发生泥石流灾害，也未对下方居民及农田造成危害，但每年雨季时节，地质灾害监测员均加强巡查工作。

2020 年 10 月 16 日开始，该地区出现强降水天气。

19 日，气象部门发布了暴雨黄色预警，主管部门通知乡镇和村组干部、监测员提高警惕，加强监测预警。

22 日 10 时 40 分左右，监测员在巡查过程中听到从山上传来闷雷般的响声，判断发生了泥石流，第一时间赶往靠近泥石流沟边的荣华村一组，组织群众撤离，同时通知另外两位村民沿着泥石流沟下游的方向奔跑、呼叫、呐喊，通知泥石流沟谷内和两边的群众赶紧撤离，并通知中元村组织金竹岭新村群众撤离。

荣华村一组人员刚撤离到安全区域，10 时 55 分左右，泥石流经过荣华村一组，11 点经过中元村金竹岭新村，冲入老窝河，泥石流造成部分房屋冲毁。

灾害发生后，现场划定了警戒区域，设立了警示标志，安排监测员加强 24 小时监测。同时，在乡镇政府、村党支部委员会和村民委员会的统一协调下，受灾人员得到妥善安置。

三、四川省盐源县“8·27”堵阿落谷泥石流避险

（一）案例概况

2021 年 8 月 27 日 9 时 30 分，四川省凉山彝族自治州盐源县梅子坪镇梅子坪村二组堵阿落谷地段发生泥石流灾害，体积约 1500 立方米，损毁公路 100 米，经济损失约 5 万元。由于村组干部现场反应迅速，临灾处置得当，发现险情异样后及时组织人员避让至安全区域，避免了 56 名返校学生及家长因灾伤亡，实现了临灾避险。

（二）地质成因

堵阿落谷泥石流的形成主要受地形地貌、物源和水源控制。

该沟谷地形陡峻，纵比降大，为泥石流的发育提供了有利的地形地貌条件。沟内有大量的崩滑堆积体、沟道堆积物，为泥石流的发生提供了丰富的固体物源条件。2021 年入汛以来，盐源县梅子坪镇累计降雨量 656 毫米，主要集中在 8 月中下旬。虽然在泥石流发生之前，该地区未发生强降雨等极端天气，但是连续的降雨过程，导致土壤含水饱和，极易发生塌滑、堵沟、溃决，形成泥石流。

梅子坪镇地处高山峡谷区，山高、坡陡、谷深，地质构造复杂，地质环境脆弱，此次泥石流造成沟道下切，沟岸松散堆积体稳定性较差。经省、州、县三级政府联合专家组会商、研判认为：在后续降雨的激发下，沟道仍存在再次爆发泥石流的可能，地质灾害风险比较高。

（三）主要做法与成效

盐源县梅子坪镇 8 月下旬降雨频繁，又是学生集中返校的时期。

8 月 20 日，盐源县梅子坪镇梅子坪村党组织专门强调防汛减灾工作，作出每一批返校学生都必须由村干部和家长一起护送的决定。

8 月 26 日，村干部再次商议，并确定了护送学生往返校园的细节和方案。

8 月 27 日 8 时，梅子坪村党支部副书记苏正江带领 33 名学生、23 名家长从梅子坪村出发返校。

9 时左右，到达地质灾害隐患点堵阿落谷地段。苏正江安排 2 名家长在远处观察沟口动向，按照“一停、二看、三通过”的避险原则，安排 2 名中共党员现场勘察，确定步行路线，同时组织其他家长准备树枝、石块等工具。

9 时 15 分，6 名家长安全试行通过危险路段。

9 时 20 分左右，观察人员发现河沟上游流下一小股稀泥，立即阻止其他人员通行，并撤退至 100 米外安全地带。

9 时 24 分至 28 分，该处相继发生两次小股泥石流，前期制定步行路线上的树枝、石块全部被淹没。

9 时 40 分，突发大股泥石流，沟口上方泥沙全部倾泻而下，持续约 3 分钟。

10 时 5 分，苏正江组织家长代表继续观察沟口动向，经现场研判，认为沟口上方已无堆积物，暂无危险，决定 1 名家长试行通过后，部分家长对路线铺洒树枝和石块。

10 时 35 分，33 名学生、23 名家长分 6 个批次全部安全通过该路段（图 3–24，图 3–25）。

图 3–24　通村道路受损情况

图 3–25　通村道路堡坎受损情况

四、云南省玉溪市
“8 · 1”水塘村泥石流避险

（一）案例概况

2021 年 8 月 1 日 0 时 50 分，受连续强降雨的影响，云南省玉溪市通海县九龙街道办事处水塘村四组石头村爆发山洪泥石流，威胁居民 68 户 264 人，威胁财产 340 万元。该隐患点安装的监测预警设备提前 10 分钟发布预警播报及短信提示，当地群测群防员迅速组织受威胁群众有序撤离，无人员伤亡（图 3–26）。

图 3–26　水塘村四组石头村全貌

（二）地质成因

玉溪市九成以上是山地，山高、谷深，地质构造复杂，处于地质灾害易

发、多发区域，地质灾害隐患点多、面广，在汛期容易发生滑坡、泥石流等灾害，地质灾害防治形势严峻。目前全市共有各类地质灾害隐患点927处，受威胁户数2.28万户，受威胁人口高达10.91万人，受威胁总资产33.85亿元。

2011年1月至2020年12月31日，玉溪市共发生地质灾情或险情192次，因地质灾害已造成8人死亡、112人受伤，直接经济损失达5867.94万元。在综合分析全市地质环境、地质灾害分布特征等各方面因素的基础上，根据气象部门监测数据分析认为，近年来玉溪市大部分地区降水总量正常略偏多，大部分地区雨季开始期正常至略偏晚，主汛期降水量正常略多，秋季降水量正常略偏少。

根据全市1∶5万地质灾害详细调查成果，结合全市气候总趋势分析预测，玉溪市哀牢山沿线（新平县、元江县）、绿汁江峡谷（易门县、峨山县）、南盘江流域（华宁县、通海县）等主要地质灾害高发易发区受强降雨影响发生崩塌、滑坡、泥石流等地质灾害的可能性较大。

本次泥石流流域总面积约16.9平方千米，主干流长约6.5千米，总落差约800米，平均比降约123‰。石头村位于沟口，沟口及公房一带为老泥石流堆积体，物质以碎石、小块石、粗砂为主。冲沟源头的几个滑坡，结构松散，是山洪泥石流形成的主要固体物源。

（三）主要做法与成效

2021年4月，地质工程勘察技术单位在汛前完成了九龙街道办事处水塘村四组石头村泥石流隐患点的普适型监测预警设备的安装，包括雨量监测站1套、泥水位监测站1套、声光报警器2套（图3–27）。

8月1日0时10分左右，该区域布设的泥水位监测站监测到泥水位值达到0.6米，监测预警系统平台发布蓝色预警。

0时19分，泥水位值达到0.8米，监测预警平台发布黄色预警。

0时39分，泥水位值达到1.2米，触发橙色预警（图3–28）。

图 3-27　监测预警设备布设平面示意图

九龙街道办事处水塘村四组石头村泥石流(云南省玉溪市通海县)

监测点信息 / 预警消息 / 监测曲线 / 综合分析 / 初步预警 / 预警判据 / 雨量、泥位预警判据 / 预警模型 / 预警发布渠道 / 多媒体资料 / 三维模型

日期：开始日期 ~ 结束日期　预警等级　预警状态　传感器名称：　查询　重置　导出

序号	预警时间	预警等级	预警描述	预警状态	操作
1	2021-08-01 00:39:58	橙色预警	2021-08-01 00:39:58 在九龙街道办事处水塘村四组石头村泥石流的04NW01(泥水位),当前泥水位值达到1.2m,触发橙色预警。	已关闭	查看预警模型 查看曲线
2	2021-08-01 00:19:58	[illegible]	2021-08-01 00:19:58 在九龙街道办事处水塘村四组石头村泥石流的04NW01(泥水位),当前泥水位值达到0.8m,触发黄色预警。	已关闭	查看预警模型 查看曲线
3	2021-08-01 00:09:58	蓝色预警	2021-08-01 00:09:58 在九龙街道办事处水塘村四组石头村泥石流的04NW01(泥水位),当前泥水位值达到0.6m,触发蓝色预警。	已关闭	查看预警模型 查看曲线
4	2021-07-27 09:04:51	红色预警	2021-07-27 09:04:51 在九龙街道办事处水塘村四组石头村泥石流的04NW01(泥水位),当前泥水位值达到5m,触发红色预警。	已关闭	查看预警模型 查看曲线
5	2021-06-10 10:55:06	蓝色预警	2021-06-10 10:55:06 在九龙街道办事处水塘村四组石头村泥石流的04NW01(泥水位),,触发蓝色预警。	已关闭	查看预警模型 查看曲线
6	2021-06-08 09:20:03	蓝色预警	2021-06-08 09:20:03 在九龙街道办事处水塘村四组石头村泥石流的04NW01(泥水位),,触发蓝色预警。	已关闭	查看预警模型 查看曲线
7	2021-04-29 11:14:02	蓝色预警	2021-04-29 11:14:02 在九龙街道办事处水塘村四组石头村泥石流的04NW01(泥水位),前0时泥位值达到10m,触发蓝色预警。	已关闭	查看预警模型 查看曲线

共 7 条　1　10 条/页

图 3-28　监测系统平台预警发布

收到预警信息后，技术单位立即通知专业技术人员现场核查，安排专人实时跟踪监测数据。地方群测群防员继续加强巡视排查，及时记录上报；市级主管人员加强值守指导和现场管控，做好紧急转移准备，必要时采取封闭措施，严禁人员进入危险区。

通过监测设备预警曲线可以看出，九龙街道办事处水塘村四组石头村在8月1日0时9分至0时39分期间，小时降雨量达19.8毫米，泥水位值发生1.2米变化，监测预警体系完整捕捉到了山洪泥石流的演化过程，监测系统平台预警信息准确，信息发布及时。

8 月 1 日凌晨，在发生山洪泥石流过程中，泥位计采集到监测数据上传至预警平台，平台计算触发预警后，自动将预警指令下发至报警装置，并现场发出警报，预警信息通过监测预警平台同步发送至相关责任人，及时启动应急预案，落实各项防灾措施。

在听到预警广播播报和接收短信后 10 分钟，山洪泥石流爆发（图 3–29），当地专业监测员及时指挥调度、组织转移、发出临灾警报信息，组织群众按照应急避险路径有序撤离，受威胁的 68 户 264 人在 10 分钟之内成功转移避险，未造成人员伤亡（图 3–30）。

图 3–29　泥石流堆积物

图 3–30　灾后民居场景

五、陕西省紫阳县“9·7”朝阳村关垭子泥石流避险

（一）案例概况

该泥石流位于陕西省紫阳县高滩镇朝阳村十一组黄瓜溪沟道内，发育于黄瓜溪右岸的山体斜坡上，非在册隐患点。据调查，2021年9月7日11时左右，滑坡开始出现滑塌变形；8日上午，村委会组织紧急撤离，共计撤离40户73人；8日11时至9日，泥石流持续滑移变形，沿沟道冲出，已造成沟口8户36间房屋损毁，财产损失约200万元，严重威胁泥石流沟道中部及沟口107户265人的生命及财产安全，威胁财产约2000万元。由于预警及时，撤离迅速，未造成人员伤亡，成功避免36人伤亡，避免财产损失10万元。

（二）地质成因

该泥石流是由沟道一侧山体发生滑塌，滑体阻塞沟道水流而引发的。泥石流所处山体沟道狭窄，常年流水。泥石流物源为山坡、滑坡、滑塌的碎石土和含碎石粉质黏土，母岩为强风化板岩。近期持续的强降雨，导致该沟道一侧山体发生滑坡，滑坡体堆积于沟道内阻塞沟道水流，在上部源源不断的水流侵蚀及冲刷作用下，沟道滑坡堆积物及原始坡道内的松散堆积物形成泥石流的物源冲出沟口，进而产生泥石流（图3–31）。

（三）主要做法与成效

9月7日11时左右，当地村委会工作组进行风险排查，村级巡查组

图 3-31　泥石流全貌

在巡查该处时，发现持续降雨期间沟道处流水浑浊，沟边开始出现滑塌变形，立即将情况上报给村委会，村委会立即向紫阳县自然资源局报告，并实行 24 小时巡查和监测，密切关注滑坡体变形情况。得知情况后，紫阳县自然资源局立即派出技术人员赶赴现场进行研判，认为该处地质灾害必将发生。

8 日上午，村委会立即组织周围受威胁人员撤离，设置警戒线，禁止任何人进入警戒区域内活动，共计撤离 40 户 73 人。

8 日 11 时至 9 日，泥石流持续滑移变形，沿沟道冲出，携带滑坡体而下形成泥石流，堆积在沟口居民区（图 3-32，图 3-33）。

图 3-32　泥石流冲击

图 3-33　被泥石流掩埋的房屋

当地政府立即组织滑坡受威胁人员紧急撤离，并安置于安全区域，险情解除之前禁止人员返回；对居住在其他沟口路的人员，加强险情监测，如遇异常，及时撤离；在泥石流上部及前部沟口道路路口处设置安全警示牌和警示带，禁止行人及车辆通行；及时制定泥石流防治预案，部署安排泥石流监测人和责任人，明确撤离路线，加强日常巡视和监测，强降雨期间加密监测，发现异常及时启动应急预案。

第四章 经验启示

多年来，我国各地各单位高度重视地质灾害防治工作，开展了许多行之有效的防灾减灾探索与实践，初步建立了地质灾害调查识别、监测预警、治理避让、应急处置、科技支撑和综合管理工作体系，取得了显著的防灾减灾成效。从近年来发生的成功避险案例中，我们可以得到很多的经验启示。

一、各级高度重视，压实防灾责任

各级党委、政府对地质灾害防治工作的重视程度，直接影响各职能部门协同联动作用发挥，直接关系辖区内地质灾害日常防范和临灾避险处置成效，要大力提高领导干部风险意识和应急处突能力，统筹好发展和安全两件大事，提高防灾救灾减灾和防范化解风险挑战的能力和水平。

在贵州省三都水族自治县“6・20”拉揽村高寨滑坡避险案例中，黔西南布依族苗族自治州委、州政府领导第一时间对地质灾害防治工作进行安排部署，州、县两级有关负责同志深入基层开展督导，强力推动防灾减灾工作责任直达基层一线，为地灾防治工作提供了有力的组织保障。

甘肃省灵台县“10・3”南店子村东庄社滑坡灾害发生前，各部门适时组织会商、研判，及时精准推送预警预报信息，主动下沉一线协同抓好灾害防范和避险处置，精准助力降低灾害风险和因灾损失。灾情发生后，各级自然资源、公安、应急、消防救援等部门和乡镇干部、社区管理委员会、村社群众通力协作，成立了抢险救援指挥部，分工负责抢险救援各项工作。

2020年，四川省凉山彝族自治州境内多地发生森林火灾，尤其是木里、西昌、喜德等地，过火面积大，次生隐患多，省、州党委政府多次安排部署地质灾害防治工作，特别是火灾迹地次生地质灾害防治工作，当地各级部门积极开展隐患全面排查，落实整治措施。3月28日的木里藏族自治县森林火灾后，当地全面开展火灾后次生地质灾害隐患排查，逐一落实隐患点的监测责任人和监测人员，采取了永久避让、临时避险、监测预警、清淤加固应急工程处置等综合性措施。在“6·9”项脚沟流域火灾泥石流中，项脚蒙古族乡党委、政府、村组干部、监测人员明确责任，由村干部、组干部、代理组长、退休文书组成的监测员团队对监测预警工作认真负责，他们熟练掌握巡查、监测、预警预报方法，能准确地研判灾害发生的前兆和趋势，做到灾情发生前果断地向每一个村民发出预警信号，组织受威胁群众撤离避让。

云南省泸水市牢固树立地质灾害防治是“生命工程”“民生工程”的思想，当地各级人民政府均成立地质灾害防治工作领导小组，签订地质灾害防治目标责任书，进一步加强地方政府在地质灾害防治中的主体责任。“10·22”老窝镇松茅沟泥石流发生前，防灾责任人和监测人员高度警惕，主动巡查、排查，提前识别隐患，果断采取有效的应急处置预案，将“主动避让、提前避让、预防避让”（简称三避让）措施作为刚性要求落实到具体行动中，提前通知受威胁群众，做好主动避让撤离准备，预警信息发出后，受威胁群众高效撤离，从而实现成功避险。

二、强化群测群防，精准监测预警

隐蔽性地质灾害隐患难以及时全面查明，短期内亦难通过治理搬迁等方式彻底消除已查明隐患，因此强化风险管控至关重要。防灾减灾工作的关键在基层一线，基层干部群众的查灾、识灾、避灾能力至关重要。唯有将基层干部群众发展成为隐患排查信息员、紧急避险“吹哨人”，方能全面实现隐患早发现、早防范，最大限度地避免和降低因灾损失。

在湖南省汨罗市“8·9”弼时镇平华村崩塌避险案例中，当地气象局发布地质灾害气象预警，汨罗市自然资源局地质灾害指挥中心收到预警后，迅速转发信息到新屋组崩塌区所在乡镇及驻点监测员手中，启动预警，通过不间断地排查新屋组崩塌点，从而实现成功避险。

在山西省汾西县“10·5”南街社区崩塌避险案例中，监测员在巡查途中听到监测仪器发出的报警，并收到平台红色预警信息后，立即巡查观测隐患体周围，并上报社区管理委员会，对该隐患点实施24小时不间断巡查，政府启动应急预案，迅速组织群众撤离。这一案例中，群测群防与专业队伍紧密结合，加之政府组织有力、部门协调联动，整个避险过程紧张而有序，实现了及时预警、提前转移、科学安置。

在甘肃省灵台县“10·3”南店子村东庄社滑坡避险案例中，中台镇干部在汛期值班时发现G244国道南店子村段出现裂缝、路灯倾斜，迅速报告中台镇政府和灵台县委、县政府，镇村干部立即通过广播、敲锣、手持喇叭，组织群众紧急撤离，成功保障了317人的生命安全。

此外，各地还建立针对交通干线重点地质灾害隐患点的专业监测系统，有效提升交通网络地质灾害的自动化监测、智能化监测水平，为交通网络沿线的地质灾害防灾减灾提供技术支持与数据支撑。在北京市房山区“7·22”佛子庄108国道复线崩塌避险案例中，该灾害点早被列入京津冀协同发展交通网络地质安全监测范围，建立了预警信息发布与反馈通道，确保了预警信息及时送达，2021年7月12日至10月8日，监测持续累计发布预警7次，交通部门及时采取了道路管控措施，确保了通行车辆的安全。

三、“人防”“技防”协同，助推精准研判

各地积极实行“人防”“技防”协同，在“人防”全覆盖的基础上强化“技防”，利用高新技术、专业监测设备助推、精准研判险情，运用专业知识分析排查地质灾害隐患，从而实现各隐患点实时在线监测预警，为后续的紧急避险转移工作起到了“发令枪”的作用。

在湖南省汨罗市“8·9”弼时镇平华村崩塌避险案例中，当地地质灾害气象风险预警信息精准发布、及时接受，为避险赢得了充足时间，对重大地

灾隐患点实施专业监测建设，形成“人防”“技防”协同工作格局，提升监测预警能力和水平，最大限度地保护人民生命财产安全。此外，当地针对不同灾种选择有针对性的监测设备，合理布设，设置相应的预警阈值，建立预警研判机制及工作体系，形成多维监测数据反馈结果的互补验证，从而提高预警精准度。

在重庆市云阳县“7·17”云阳镇团包滑坡避险案例中，此处滑坡在2014年9月发生初次变形以来一直处于蠕滑变形阶段，云阳县规划和自然资源局历年来均将该点列为重要地质灾害点开展监测工作。在团包滑坡中前部发生变形时，智能化监测设备监测值均达到预警值，并发出了预警信号，当地组织进行现场应急调查，从而发现了临滑征兆，为地质灾害减灾防灾决策提供技术依据。

四川省中江县坚持“排查+培训”同步模式和“专群结合、人技结合”理念，驻守技术支撑制度夯实了基层防灾能力，专业单位常驻基层一线，使得集凤镇政府防灾能力和群众防灾意识有所增强，在“8·15”集凤镇九股泉村十二、十三组滑坡避险起到了积极作用。

在四川省木里藏族自治县“6·9”项脚沟流域火灾泥石流避险案例中，针对项脚蒙古族乡甲尔沟流域面积大、沟道长、支沟多、群众居住分散等特点，木里藏族自治县采取统一布控、分段守候、信息共享的方式，将群测群防体系建设与实际情况紧密结合，整条沟自上而下共安排6名专职监测人员分别开展巡查和监测预警工作，每个村民小组均建有工作群，各村民小组之间实现信息互通、信息共享，可将预警信息快速传递，最大限度缩短撤离避让时间。

四川省凉山彝族自治州按照“汛期不过、排查不停”的要求，投入专业技术队伍全面动员乡镇村组干部群众，集中组织开展隐患排查。盐源县对181处地灾隐患点、356个山洪危险区、56条森林防火通道、210个计划烧除的山头均开展全覆盖排查，实行隐患点（危险区）一点一个档案、一个应急预案、一条避险路线、一处临时转移地点、一名监测人员、一名包保干部“六个一”管理，助推了“8·27”堵阿落谷泥石流避险，避免了群众生命安全损失。

四、加强培训演练，重视宣传教育

各地积极开展宣传培训，以“4·22”世界地球日、“5·12”防灾减灾日、“6·25”全国土地日等为契机，广泛开展地质灾害防治知识和法律法规宣传，地质灾害防治知识深入人心，干部群众识灾、防灾意识和提高避险自救能力得到增强。一些地区还持续加大投入力度，完善考核奖惩制度，充分调动地质灾害监测专业技术人员的积极性。

四川省中江县多年坚持培训演练，全面提高了当地群众识灾、报灾、避灾和相互协调联动能力，增强了地质灾害防范意识，提升了自救互救技能，形成了全民防灾避灾新机制，在“8·15”集凤镇九股泉村十二、十三组滑坡避险案例中起到了关键性作用。

四川省凉山彝族自治州采取州级层面师资集中培训、县市级层面以会代训、乡镇逐村培训、村组“点对点”宣传和避险演练相结合的方式，制作地质灾害预警宣传片、地灾警示教育片《地灾猛于虎》等，结合隐患排查等同步“手把手”培训村组干部和监测员，累计开展宣传培训 7608 场次、参训人员 13.42 万人次，开展避险演练 4420 点次、参演人员 15.59 万人次，盐源县也深入农户家、田间地头、企业、工地进行宣传防灾知识覆盖 21 万人次，督促 24 个乡镇、167 个村、46 个水电企业、537 处隐患点修订完善应急预案，汛期全覆盖开展“无脚本”防灾避灾演练 3 轮次以上，参演人数 9.33 万人次。四川省盐源县“8·27”堵阿落谷泥石流发生后，凉山彝族自治州政府对作出突出贡献的先进个人和基层组织进行通报表扬及奖励，盐源县对成功预警并组织群众疏散转移有功的单位和个人也给予奖励。

云南省泸水市各级自然资源主管部门积极组织开展地质灾害防治知识宣讲培训和受威胁群众应急避险演练，通过现场培训、播放地质灾害防治知识宣传短片、发放《地质灾害防灾知识手册》和宣传挂图、组织避险演练等方式，大幅度地提高了地质灾害易发区基层党员干部、防灾责任人、监测员的识灾、防灾、避灾的认知，增强了“三避让”的意识，提升了自救互救能力，为开展地质灾害群测群防及监测预警工作奠定了坚实的群众基础，在“10·22”老窝镇松茅沟泥石流避险时发挥了至关重要的作用。

附录 地质灾害相关法律法规及规范

国务院关于加强地质灾害防治工作的决定

（国发〔2011〕20号）

各省、自治区、直辖市人民政府，国务院各部委、各直属机构：

我国是世界上地质灾害最严重、受威胁人口最多的国家之一，地质条件复杂，构造活动频繁，崩塌、滑坡、泥石流、地面塌陷、地面沉降、地裂缝等灾害隐患多、分布广，且隐蔽性、突发性和破坏性强，防范难度大。特别是近年来受极端天气、地震、工程建设等因素影响，地质灾害多发频发，给人民群众生命财产造成严重损失。为进一步加强地质灾害防治工作，特作如下决定。

一、指导思想、基本原则和工作目标

（一）指导思想。全面贯彻党的十七大和十七届三中、四中、五中全会精神，以邓小平理论和“三个代表”重要思想为指导，全面贯彻落实科学发展观，将“以人为本”的理念贯穿于地质灾害防治工作各个环节，以保护人民群众生命财产安全为根本，以建立健全地质灾害调查评价体系、监测预警体系、防治体系、应急体系为核心，强化全社会地质灾害防范意识和能力，科学规划，突出重点，整体推进，全面提高我国地质灾害防治水平。

（二）基本原则。坚持属地管理、分级负责，明确地方政府的地质灾害防治主体责任，做到政府组织领导、部门分工协作、全社会共同参与；坚持预防为主、防治结合，科学运用监测预警、搬迁避让和工程治理等多种手段，有效规避灾害风险；坚持专群结合、群测群防，充分发挥专业监测机构作用，紧紧依靠广大基层群众全面做好地质灾害防治工作；坚持谁引发、谁治理，对工程建设引发的地质灾害隐患明确防灾责任单位，切实落实防范治理责任；坚持统筹规划、综合治理，在加强地质灾害防治的同时，协调推进山洪等其他灾害防治及生态环境治理工作。

（三）工作目标。“十二五”期间，完成地质灾害重点防治区灾害调查任务，全面查清地质灾害隐患的基本情况；基本完成三峡库区、汶川和玉树地震灾区、地质灾害高易发区重大地质灾害隐患点的工程治理或搬迁避让；对其他隐患点，积极开展专群结合的监测预警，灾情、险情得到及时监控和有效处置。到2020年，全面建成地质灾害调查评价体系、监测预警体系、防治体系和应急体系，基本消除特大型地质灾害隐患点的威胁，使灾害造成的人员伤亡和财产损失明显减少。

二、全面开展隐患调查和动态巡查

（四）加强调查评价。以县为单元在全国范围全面开展山洪、地质灾害调查评价工作，重点提高汶川、玉树地震灾区以及三峡库区、西南山区、西北黄土区、东南沿海等地区的调查工作程度，加大对人口密集区、重要军民设施周边地质灾害危险性的评价力度。调查评价结果要及时提交当地县级以上人民政府，作为灾害防治工作的基础依据。

（五）强化重点勘查。对可能威胁城镇、学校、医院、集市和村庄、部队营区等人口密集区域及饮用水源地，隐蔽性强、地质条件复杂的重大隐患点，要组织力量进行详细勘查，查明灾害成因、危害程度，掌握其发展变化规律，并逐点制定落实监测防治措施。

（六）开展动态巡查。地质灾害易发区县级人民政府要建立健全隐患排查制度，组织对本地区地质灾害隐患点开展经常性巡回检查，对重点防治区域每年开展汛前排查、汛中检查和汛后核查，及时消除灾害隐患，并将排查结果及防灾责任单位及时向社会公布。省、市两级人民政府和相关部门要加强对县级人民政府隐患排查工作的督促指导，对基层难以确定的隐患，要及时组织专业部门进行现场核查确认。

三、加强监测预报预警

（七）完善监测预报网络。各地区要加快构建国土、气象、水利等部门联合的监测预警信息共享平台，建立预报会商和预警联动机制。对城镇、乡村、学校、医院及其他企事业单位等人口密集区上游易发生滑坡、山洪、泥石流的高山峡谷地带，要加密部署气象、水文、地质灾害等专业监测设备，加强监测预报，确保及时发现险情、及时发出预警。

（八）加强预警信息发布手段建设。进一步完善国家突发公共事件预警信息发布系统，建立国家应急广播体系，充分利用广播、电视、互联网、手机短信、电话、宣传车和电子显示屏等各种媒体和手段，及时发布地质灾害预警信息。重点加强农村山区等偏远地区紧急预警信息发布手段建设，并因地制宜地利用有线广播、高音喇叭、鸣锣吹哨、逐户通知等方式，将灾害预警信息及时传递给受威胁群众。

（九）提高群测群防水平。地质灾害易发区的县、乡两级人民政府要加强群测群防的组织领导，健全以村干部和骨干群众为主体的群测群防队伍。引导、鼓励基层社区、村组成立地质灾害联防联控互助组织。对群测群防员给予适当经费补贴，并配备简便实用的监测预警设备。组织相关部门和专业技术人员加强对群测群防员等的防灾知识技能培训，不断增强其识灾报灾、监测预警和临灾避险应急能力。

四、有效规避灾害风险

（十）严格地质灾害危险性评估。在地质灾害易发区内进行工程建设，要严格按规定开展地质灾害危险性评估，严防人为活动诱发地质灾害。强化资源开发中的生态保护与监管，开展易灾地区生态环境监测评估。各地区、各有关部门编制城市总体规划、村庄和集镇规划、基础设施专项规划时，要加强对规划区地质灾害危险性评估，合理确定项目选址、布局，切实避开危险区域。

（十一）快速有序组织临灾避险。对出现灾害前兆、可能造成人员伤亡和重大财产损失的区域和地段，县级人民政府要及时划定地质灾害危险区，向社会公告并设立明显的警示标志；要组织制定防灾避险方案，明确防灾责任人、预警信号、疏散路线及临时安置场所等。遇台风、强降雨等恶劣天气及地震灾害发生时，要组织力量严密监测隐患发展变化，紧急情况下，当地人民政府、基层群测群防组织要迅速启动防灾避险方案，及时有序组织群众安全转移，并在原址设立警示标志，避免人员进入造成伤亡。在安排临时转移群众返回原址居住前，要对灾害隐患进行安全评估，落实监测预警等防范措施。

（十二）加快实施搬迁避让。地方各级人民政府要把地质灾害防治与扶贫开发、生态移民、新农村建设、小城镇建设、土地整治等有机结合起来，统筹安排资金，有计划、有步骤地加快地质灾害危险区内群众搬迁避让，优先搬迁危害程度高、治理难度大的地质灾害隐患点周边群众。要加强对搬迁安置点的选址评估，确保新址不受地质灾害威胁，并为搬迁群众提供长远生产、生活条件。

五、综合采取防治措施

（十三）科学开展工程治理。对一时难以实施搬迁避让的地质灾害隐患点，各地区要加快开展工程治理，充分发挥专家和专业队伍作用，科学设计，精心施工，保证工程质量，提高资金使用效率。各级国土资源、发展改革、财政等相关部门，要加强对工程治理项目的支持和指导监督。

（十四）加快地震灾区、三峡库区地质灾害防治。针对汶川、玉树等地震对灾区地质环境造成的严重破坏，在全面开展地震影响区地质灾害详细调查评价的基础上，抓紧编制实施地质灾害防治专项规划，对重大隐患点进行严密监测，及时采取搬迁避让、工程治理等防治措施，防止造成重大人员伤亡和财产损失。组织实施好三峡库区地质灾害防治工作，妥善解决二、三期地质灾害防治遗留问题，重点加强对水位涨落引发的滑坡、崩塌监测预警和应急处置。

（十五）加强重要设施周边地质灾害防治。对交通干线、水利枢纽、输供电输油（气）设施等重要设施及军事设施周边重大地质灾害隐患，有关部门和企业要及时采取防治措施，确保安全。经评估论证需采取地质灾害防治措施的工程项目，建设单位必须在主体工程建设的同时，实施地质灾害防护工程。各施工企业要加强对工地周边地质灾害隐患的监测预警，制定防灾预案，切实保证在建工程和施工人员安全。

（十六）积极开展综合治理。各地区要组织国土资源、发展改革、财政、环境保护、水利、农业、安全监管、林业、气象等相关部门，统筹各方资源抓好地质灾害防治、矿山地质环境治理恢复、水土保持、山洪灾害防治、中小河流治理和病险水库除险加固、尾矿库隐患治理、易灾地区生态环境治理等各项工作，切实提高地质灾害综合治理水平。要编制实施相关规划，合理安排非工程措施和工程措施，适当提高山区城镇、乡村的地质灾害设防标准。

（十七）建立健全地面沉降、塌陷及地裂缝防控机制。建立相关部门、地方政府地面沉降防控共同责任制，完善重点地区地面沉降监测网络，实行地面沉降与地下水开采联防联控，重点加强对长江三角洲、华北地区和汾渭地区地下水开采管理，合理实施地下水禁采、限采措施和人工回灌等工程，建立地面沉降防治示范区，遏制地面沉降、地裂缝进一步加剧。在深入调查的基础上，划定地面塌陷易发区、危险区，强化防护措施。制定地下工程活动和地下空间管理办法，严格审批程序，防止矿产开采、地下水抽采和其他地下工程建设以及地下空间使用不当等引发地面沉降、塌陷及地裂缝等灾害。

六、加强应急救援工作

（十八）提高地质灾害应急能力。地方各级人民政府要结合地质灾害防治工作实际，加强应急救援体系建设，加快组建专群结合的应急救援队伍，配备必要的交通、通信和专业设备，形成高效的应急工作机制。进一步修订完善突发地质灾害应急预案，制定严密、科学的应急工作流程。建设完善应急避难场所，加强必要的生活物资和医疗用品储备，定期组织应急预案演练，提高有关各方协调联动和应急处置能力。

（十九）强化基层地质灾害防范。地质灾害易发区要充分发挥基层群众熟悉情况的优势，大力支持和推进乡、村地质灾害监测、巡查、预警、转移避险等应急能力建设。在地质灾害重点防范期内，乡镇人民政府、基层群众自治组织要加强对地质灾害隐患的巡回检查，对威胁学校、医院、村庄、集市、企事业单位等人员密集场所的重大隐患点，要安排专人盯守巡查，并于每年汛期前至少组织一次应急避险演练。

（二十）做好突发地质灾害的抢险救援。地方各级人民政府要切实做好突发地质灾害的抢险救援工作，加强综合协调，快速高效做好人员搜救、灾情调查、险情分析、次生灾害防范等应急处置工作。要妥善安排受灾群众生活、医疗和心理救助，全力维护灾区社会稳定。

七、健全保障机制

（二十一）完善和落实法规标准。全面落实《地质灾害防治条例》，地质灾害易发区要抓紧制定完善地方性配套法规规章，健全地质灾害防治法制体系。抓紧修订地质灾害调查评价、危险性评估与风险区划、监测预警和应急处置的规范标准，完善地质灾害治理工程勘查、设计、施工、监理、危险性评估等技术要求和规程。

（二十二）加强地质灾害防治队伍建设。地质灾害易发区省、市、县级人民政府要建立健全与本地区地质灾害防治需要相适应的专业监测、应急管理和技术保障队伍，加大资源整合和经费保障力度，确保各项工作正常开展。支持高等院校、科研院所加大地质灾害防治专业技术人才培养力度，对长期在基层一线从事地质灾害调查、监测等防治工作的专业技术人员，在职务、职称等方面给予政策倾斜。

（二十三）加大资金投入和管理。国家设立的特大型地质灾害防治专项资金，用于开展全国地质灾害调查评价，实施重大隐患点的监测预警、勘查、搬迁避让、工程治理和应急处置，支持群测群防体系建设、科普宣教和培训工作。地方各级人民政府要将地质灾害防治费用和群测群防员补助资金纳入财政保障范围，根据本地实际，增加安排用于地质灾害防治工作的财政投入。同时，要严格资金管理，确保地质灾害防治资金专款专用。各地区要探索制定优惠政策，鼓励、吸引社会资金投入地质灾害防治工作。

（二十四）积极推进科技创新。国家和地方相关科技计划（基金、专项）等要加大对地质灾害防治领域科学研究和技术创新的支持力度，加强对复杂山体成灾机理、灾害风险分析、灾害监测与治理技术、地震对地质灾害影响评价等方面的研究。积极采用地理信息、全球定位、卫星通信、遥感遥测等先进技术手段，探索运用物联网等前沿技术，提升地质灾害调查评价、监测预警的精度和效率。鼓励地质灾害预警和应急指挥、救援关键技术装备的研制，推广应用生命探测、大型挖掘起重破障、物探钻探及大功率水泵等先进适用装备，提高抢险救援和应急处置能力。加强国际交流与合作，学习借鉴国外先进的地质灾害防治理论和技术方法。

（二十五）深入开展科普宣传和培训教育。各地区、各有关部门要广泛开展地质灾害识灾防灾、灾情报告、避险自救等知识的宣传普及，增强全社会预防地质灾害的意识和自我保护能力。地质灾害易发区要定期组织机关干部、基层组织负责人和骨干群众参加地质灾害防治知识培训，加强对中小学学生地质灾害防治知识的教育和技能演练；市、县、乡级政府负责人要全面掌握本地区地质灾害情况，切实增强灾害防治及抢险救援指挥能力。

八、加强组织领导和协调

（二十六）切实加强组织领导。地方各级人民政府要把地质灾害防治工作列入重要议事日程，纳入政府绩效考核，考核结果作为领导班子和领导干部综合考核评价的重要内容。要加强对地质灾害防治工作的领导，地方政府主要负责人对本地区地质灾害防治工作负总责，建立完善逐级负责制，确保防治责任和措施层层落到实处。地质灾害易发区要把地质灾害防治作为市、县、乡级政府分管领导及主管部门负责人任职等谈话的重要内容，督促检查防灾责任落实情况。对在地质灾害防范和处置中玩忽职守，致使工作不到位，造成重大人员伤亡和财产损失的，要依法依规严肃追究行政领导和相关责任人的责任。

（二十七）加强沟通协调。各有关部门要各负其责、密切配合，加强与人民解放军、武警部队的沟通联络和信息共享，共同做好地质灾害防治工作。国土资源部门要加强对地质灾害防治工作的组织协调和指导监督；发展改革、教育、工业和信息化、民政、住房城乡建设、交通运输、铁道、水利、卫生、安全监管、电力监管、旅游等部门要按照职责分工，做好相关领域地质灾害防治工作的组织实施。

（二十八）构建全社会共同参与的地质灾害防治工作格局。广泛发动社会各方面力量积极参与地质灾害防治工作，紧紧依靠人民解放军、武警部队、民兵预备役、公安消防队伍等抢险救援骨干力量，切实发挥工会、共青团、妇联等人民团体在动员群众、宣传教育等方面的作用，鼓励公民、法人和其他社会组织共同关心、支持地质灾害防治事业。对在地质灾害防治工作中成绩显著的单位和个人，各级人民政府要给予表扬奖励。

国务院

二〇一一年六月十三日

地质灾害防治条例

（2003年11月19日国务院第29次常务会议通过，2003年11月24日中华人民共和国国务院令第394号公布，自2004年3月1日起施行）

第一章　总　则

第一条　为了防治地质灾害，避免和减轻地质灾害造成的损失，维护人民生命和财产安全，促进经济和社会的可持续发展，制定本条例。

第二条　本条例所称地质灾害，包括自然因素或者人为活动引发的危害人民生命和财产安全的山体崩塌、滑坡、泥石流、地面塌陷、地裂缝、地面沉降等与地质作用有关的灾害。

第三条　地质灾害防治工作，应当坚持预防为主、避让与治理相结合和全面规划、突出重点的原则。

第四条　地质灾害按照人员伤亡、经济损失的大小，分为四个等级：

（一）特大型：因灾死亡30人以上或者直接经济损失1000万元以上的；

（二）大型：因灾死亡10人以上30人以下或者直接经济损失500万元以上1000万元以下的；

（三）中型：因灾死亡3人以上10人以下或者直接经济损失100万元以上500万元以下的；

（四）小型：因灾死亡3人以下或者直接经济损失100万元以下的。

第五条　地质灾害防治工作，应当纳入国民经济和社会发展计划。

因自然因素造成的地质灾害的防治经费，在划分中央和地方事权和财权的基础上，分别列入中央和地方有关人民政府的财政预算。具体办法由国务院财政部门会同国务院国土资源主管部门制定。

因工程建设等人为活动引发的地质灾害的治理费用，按照谁引发、谁治理的原则由责任单位承担。

第六条　县级以上人民政府应当加强对地质灾害防治工作的领导，组织有关部门采取措施，做好地质灾害防治工作。

县级以上人民政府应当组织有关部门开展地质灾害防治知识的宣传教育，增强公众的地质灾害防治意识和自救、互救能力。

第七条　国务院国土资源主管部门负责全国地质灾害防治的组织、协调、指导和监督工作。国务院其他有关部门按照各自的职责负责有关的地质灾害防治工作。

县级以上地方人民政府国土资源主管部门负责本行政区域内地质灾害防治的组织、协调、指导和监督工作。县级以上地方人民政府其他有关部门按照各自的职责负责有关的地质灾害防治工作。

第八条　国家鼓励和支持地质灾害防治科学技术研究，推广先进的地质灾害防治技术，普及地质灾害防治的科学知识。

第九条　任何单位和个人对地质灾害防治工作中的违法行为都有权检举和控告。

在地质灾害防治工作中做出突出贡献的单位和个人，由人民政府给予奖励。

第二章　地质灾害防治规划

第十条　国家实行地质灾害调查制度。

国务院国土资源主管部门会同国务院建设、水利、铁路、交通等部门结合地质环境状况组织开展全国的地质灾害调查。

县级以上地方人民政府国土资源主管部门会同同级建设、水利、交通等部门结合地质环境状况组织开展本行政区域的地质灾害调查。

第十一条　国务院国土资源主管部门会同国务院建设、水利、铁路、交通等部门，依据全国地质灾害调查结果，编制全国地质灾害防治规划，经专家论证后报国务院批准公布。

县级以上地方人民政府国土资源主管部门会同同级建设、水利、交通等部门，依据本行政区域的地质灾害调查结果和上一级地质灾害防治规划，编制本行政区域的地质灾害防治规划，经专家论证后报本级人民政府批准公布，并报上一级人民政府国土资源主管部门备案。

修改地质灾害防治规划，应当报经原批准机关批准。

第十二条 地质灾害防治规划包括以下内容：

（一）地质灾害现状和发展趋势预测；

（二）地质灾害的防治原则和目标；

（三）地质灾害易发区、重点防治区；

（四）地质灾害防治项目；

（五）地质灾害防治措施等。

县级以上人民政府应当将城镇、人口集中居住区、风景名胜区、大中型工矿企业所在地和交通干线、重点水利电力工程等基础设施作为地质灾害重点防治区中的防护重点。

第十三条 编制和实施土地利用总体规划、矿产资源规划以及水利、铁路、交通、能源等重大建设工程项目规划，应当充分考虑地质灾害防治要求，避免和减轻地质灾害造成的损失。

编制城市总体规划、村庄和集镇规划，应当将地质灾害防治规划作为其组成部分。

第三章　地质灾害预防

第十四条 国家建立地质灾害监测网络和预警信息系统。

县级以上人民政府国土资源主管部门应当会同建设、水利、交通等部门加强对地质灾害险情的动态监测。

因工程建设可能引发地质灾害的，建设单位应当加强地质灾害监测。

第十五条 地质灾害易发区的县、乡、村应当加强地质灾害的群测群防工作。在地质灾害重点防范期内，乡镇人民政府、基层群众自治组织应当加强地质灾害险情的巡回检查，发现险情及时处理和报告。

国家鼓励单位和个人提供地质灾害前兆信息。

第十六条　国家保护地质灾害监测设施。任何单位和个人不得侵占、损毁、损坏地质灾害监测设施。

第十七条　国家实行地质灾害预报制度。预报内容主要包括地质灾害可能发生的时间、地点、成灾范围和影响程度等。

地质灾害预报由县级以上人民政府国土资源主管部门会同气象主管机构发布。

任何单位和个人不得擅自向社会发布地质灾害预报。

第十八条　县级以上地方人民政府国土资源主管部门会同同级建设、水利、交通等部门依据地质灾害防治规划，拟订年度地质灾害防治方案，报本级人民政府批准后公布。

年度地质灾害防治方案包括下列内容：

（一）主要灾害点的分布；

（二）地质灾害的威胁对象、范围；

（三）重点防范期；

（四）地质灾害防治措施；

（五）地质灾害的监测、预防责任人。

第十九条　对出现地质灾害前兆、可能造成人员伤亡或者重大财产损失的区域和地段，县级人民政府应当及时划定为地质灾害危险区，予以公告，并在地质灾害危险区的边界设置明显警示标志。

在地质灾害危险区内，禁止爆破、削坡、进行工程建设以及从事其他可能引发地质灾害的活动。

县级以上人民政府应当组织有关部门及时采取工程治理或者搬迁避让措施，保证地质灾害危险区内居民的生命和财产安全。

第二十条　地质灾害险情已经消除或者得到有效控制的，县级人民政府应当及时撤销原划定的地质灾害危险区，并予以公告。

第二十一条　在地质灾害易发区内进行工程建设应当在可行性研究阶段进行地质灾害危险性评估，并将评估结果作为可行性研究报告的组成部分；可行性研究报告未包含地质灾害危险性评估结果的，不得批准其可行性研究报告。

编制地质灾害易发区内的城市总体规划、村庄和集镇规划时，应当对规划区进行地质灾害危险性评估。

第二十二条 国家对从事地质灾害危险性评估的单位实行资质管理制度。地质灾害危险性评估单位应当具备下列条件，经省级以上人民政府国土资源主管部门资质审查合格，取得国土资源主管部门颁发的相应等级的资质证书后，方可在资质等级许可的范围内从事地质灾害危险性评估业务：

（一）有独立的法人资格；

（二）有一定数量的工程地质、环境地质和岩土工程等相应专业的技术人员；

（三）有相应的技术装备。

地质灾害危险性评估单位进行评估时，应当对建设工程遭受地质灾害危害的可能性和该工程建设中、建成后引发地质灾害的可能性做出评价，提出具体的预防治理措施，并对评估结果负责。

第二十三条 禁止地质灾害危险性评估单位超越其资质等级许可的范围或者以其他地质灾害危险性评估单位的名义承揽地质灾害危险性评估业务。

禁止地质灾害危险性评估单位允许其他单位以本单位的名义承揽地质灾害危险性评估业务。

禁止任何单位和个人伪造、变造、买卖地质灾害危险性评估资质证书。

第二十四条 对经评估认为可能引发地质灾害或者可能遭受地质灾害危害的建设工程，应当配套建设地质灾害治理工程。地质灾害治理工程的设计、施工和验收应当与主体工程的设计、施工、验收同时进行。

配套的地质灾害治理工程未经验收或者经验收不合格的，主体工程不得投入生产或者使用。

第四章 地质灾害应急

第二十五条 国务院国土资源主管部门会同国务院建设、水利、铁路、交通等部门拟订全国突发性地质灾害应急预案，报国务院批准后公布。

县级以上地方人民政府国土资源主管部门会同同级建设、水利、交通等部门拟订本行政区域的突发性地质灾害应急预案，报本级人民政府批准后公布。

第二十六条　突发性地质灾害应急预案包括下列内容：

（一）应急机构和有关部门的职责分工；

（二）抢险救援人员的组织和应急、救助装备、资金、物资的准备；

（三）地质灾害的等级与影响分析准备；

（四）地质灾害调查、报告和处理程序；

（五）发生地质灾害时的预警信号、应急通信保障；

（六）人员财产撤离、转移路线、医疗救治、疾病控制等应急行动方案。

第二十七条　发生特大型或者大型地质灾害时，有关省、自治区、直辖市人民政府应当成立地质灾害抢险救灾指挥机构。必要时，国务院可以成立地质灾害抢险救灾指挥机构。

发生其他地质灾害或者出现地质灾害险情时，有关市、县人民政府可以根据地质灾害抢险救灾工作的需要，成立地质灾害抢险救灾指挥机构。

地质灾害抢险救灾指挥机构由政府领导负责、有关部门组成，在本级人民政府的领导下，统一指挥和组织地质灾害的抢险救灾工作。

第二十八条　发现地质灾害险情或者灾情的单位和个人，应当立即向当地人民政府或者国土资源主管部门报告。其他部门或者基层群众自治组织接到报告的，应当立即转报当地人民政府。

当地人民政府或者县级人民政府国土资源主管部门接到报告后，应当立即派人赶赴现场，进行现场调查，采取有效措施，防止灾害发生或者灾情扩大，并按照国务院国土资源主管部门关于地质灾害灾情分级报告的规定，向上级人民政府和国土资源主管部门报告。

第二十九条　接到地质灾害险情报告的当地人民政府、基层群众自治组织应当根据实际情况，及时动员受到地质灾害威胁的居民以及其他人员转移到安全地带；情况紧急时，可以强行组织避灾疏散。

第三十条　地质灾害发生后，县级以上人民政府应当启动并组织实施相应的突发性地质灾害应急预案。有关地方人民政府应当及时将灾情及其发展趋势等信息报告上级人民政府。

禁止隐瞒、谎报或者授意他人隐瞒、谎报地质灾害灾情。

第三十一条 县级以上人民政府有关部门应当按照突发性地质灾害应急预案的分工，做好相应的应急工作。

国土资源主管部门应当会同同级建设、水利、交通等部门尽快查明地质灾害发生原因、影响范围等情况，提出应急治理措施，减轻和控制地质灾害灾情。

民政、卫生、食品药品监督管理、商务、公安部门，应当及时设置避难场所和救济物资供应点，妥善安排灾民生活，做好医疗救护、卫生防疫、药品供应、社会治安工作；气象主管机构应当做好气象服务保障工作；通信、航空、铁路、交通部门应当保证地质灾害应急的通信畅通和救灾物资、设备、药物、食品的运送。

第三十二条 根据地质灾害应急处理的需要，县级以上人民政府应当紧急调集人员，调用物资、交通工具和相关的设施、设备；必要时，可以根据需要在抢险救灾区域范围内采取交通管制等措施。

因救灾需要，临时调用单位和个人的物资、设施、设备或者占用其房屋、土地的，事后应当及时归还；无法归还或者造成损失的，应当给予相应的补偿。

第三十三条 县级以上地方人民政府应当根据地质灾害灾情和地质灾害防治需要，统筹规划、安排受灾地区的重建工作。

第五章　地质灾害治理

第三十四条 因自然因素造成的特大型地质灾害，确需治理的，由国务院国土资源主管部门会同灾害发生地的省、自治区、直辖市人民政府组织治理。

因自然因素造成的其他地质灾害，确需治理的，在县级以上地方人民政府的领导下，由本级人民政府国土资源主管部门组织治理。

因自然因素造成的跨行政区域的地质灾害，确需治理的，由所跨行政区域的地方人民政府国土资源主管部门共同组织治理。

第三十五条 因工程建设等人为活动引发的地质灾害，由责任单位承担治理责任。

责任单位由地质灾害发生地的县级以上人民政府国土资源主管部门负责组织专家对地质灾害的成因进行分析论证后认定。

对地质灾害的治理责任认定结果有异议的，可以依法申请行政复议或者提起行政诉讼。

第三十六条　地质灾害治理工程的确定，应当与地质灾害形成的原因、规模以及对人民生命和财产安全的危害程度相适应。

承担专项地质灾害治理工程勘查、设计、施工和监理的单位，应当具备下列条件，经省级以上人民政府国土资源主管部门资质审查合格，取得国土资源主管部门颁发的相应等级的资质证书后，方可在资质等级许可的范围内从事地质灾害治理工程的勘查、设计、施工和监理活动，并承担相应的责任：

（一）有独立的法人资格；

（二）有一定数量的水文地质、环境地质、工程地质等相应专业的技术人员；

（三）有相应的技术装备；

（四）有完善的工程质量管理制度。

地质灾害治理工程的勘查、设计、施工和监理应当符合国家有关标准和技术规范。

第三十七条　禁止地质灾害治理工程勘查、设计、施工和监理单位超越其资质等级许可的范围或者以其他地质灾害治理工程勘查、设计、施工和监理单位的名义承揽地质灾害治理工程勘查、设计、施工和监理业务。

禁止地质灾害治理工程勘查、设计、施工和监理单位允许其他单位以本单位的名义承揽地质灾害治理工程勘查、设计、施工和监理业务。

禁止任何单位和个人伪造、变造、买卖地质灾害治理工程勘查、设计、施工和监理资质证书。

第三十八条　政府投资的地质灾害治理工程竣工后，由县级以上人民政府国土资源主管部门组织竣工验收。其他地质灾害治理工程竣工后，由责任单位组织竣工验收；竣工验收时，应当有国土资源主管部门参加。

第三十九条 政府投资的地质灾害治理工程经竣工验收合格后，由县级以上人民政府国土资源主管部门指定的单位负责管理和维护；其他地质灾害治理工程经竣工验收合格后，由负责治理的责任单位负责管理和维护。

任何单位和个人不得侵占、损毁、损坏地质灾害治理工程设施。

第六章 法律责任

第四十条 违反本条例规定，有关县级以上地方人民政府、国土资源主管部门和其他有关部门有下列行为之一的，对直接负责的主管人员和其他直接责任人员，依法给予降级或者撤职的行政处分；造成地质灾害导致人员伤亡和重大财产损失的，依法给予开除的行政处分；构成犯罪的，依法追究刑事责任：

（一）未按照规定编制突发性地质灾害应急预案，或者未按照突发性地质灾害应急预案的要求采取有关措施、履行有关义务的；

（二）在编制地质灾害易发区内的城市总体规划、村庄和集镇规划时，未按照规定对规划区进行地质灾害危险性评估的；

（三）批准未包含地质灾害危险性评估结果的可行性研究报告的；

（四）隐瞒、谎报或者授意他人隐瞒、谎报地质灾害灾情，或者擅自发布地质灾害预报的；

（五）给不符合条件的单位颁发地质灾害危险性评估资质证书或者地质灾害治理工程勘查、设计、施工、监理资质证书的；

（六）在地质灾害防治工作中有其他渎职行为的。

第四十一条 违反本条例规定，建设单位有下列行为之一的，由县级以上地方人民政府国土资源主管部门责令限期改正；逾期不改正的，责令停止生产、施工或者使用，处 10 万元以上 50 万元以下的罚款；构成犯罪的，依法追究刑事责任：

（一）未按照规定对地质灾害易发区内的建设工程进行地质灾害危险性评估的；

（二）配套的地质灾害治理工程未经验收或者经验收不合格，主体工程即投入生产或者使用的。

第四十二条　违反本条例规定，对工程建设等人为活动引发的地质灾害不予治理的，由县级以上人民政府国土资源主管部门责令限期治理；逾期不治理或者治理不符合要求的，由责令限期治理的国土资源主管部门组织治理，所需费用由责任单位承担，处10万元以上50万元以下的罚款；给他人造成损失的，依法承担赔偿责任。

第四十三条　违反本条例规定，在地质灾害危险区内爆破、削坡、进行工程建设以及从事其他可能引发地质灾害活动的，由县级以上地方人民政府国土资源主管部门责令停止违法行为，对单位处5万元以上20万元以下的罚款，对个人处1万元以上5万元以下的罚款；构成犯罪的，依法追究刑事责任；给他人造成损失的，依法承担赔偿责任。

第四十四条　违反本条例规定，有下列行为之一的，由县级以上人民政府国土资源主管部门或者其他部门依据职责责令停止违法行为，对地质灾害危险性评估单位、地质灾害治理工程勘查、设计或者监理单位处合同约定的评估费、勘查费、设计费或者监理酬金1倍以上2倍以下的罚款，对地质灾害治理工程施工单位处工程价款2%以上4%以下的罚款，并可以责令停业整顿，降低资质等级；有违法所得的，没收违法所得；情节严重的，吊销其资质证书；构成犯罪的，依法追究刑事责任；给他人造成损失的，依法承担赔偿责任：

（一）在地质灾害危险性评估中弄虚作假或者故意隐瞒地质灾害真实情况的；

（二）在地质灾害治理工程勘查、设计、施工以及监理活动中弄虚作假、降低工程质量的；

（三）无资质证书或者超越其资质等级许可的范围承揽地质灾害危险性评估、地质灾害治理工程勘查、设计、施工及监理业务的；

（四）以其他单位的名义或者允许其他单位以本单位的名义承揽地质灾害危险性评估、地质灾害治理工程勘查、设计、施工和监理业务的。

第四十五条　违反本条例规定，伪造、变造、买卖地质灾害危险性评估资质证书、地质灾害治理工程勘查、设计、施工和监理资质证书的，由省级以上人民政府国土资源主管部门收缴或者吊销其资质证书，没收违法所得，并处5万元以上10万元以下的罚款；构成犯罪的，依法追究刑事责任。

第四十六条 违反本条例规定，侵占、损毁、损坏地质灾害监测设施或者地质灾害治理工程设施的，由县级以上地方人民政府国土资源主管部门责令停止违法行为，限期恢复原状或者采取补救措施，可以处5万元以下的罚款；构成犯罪的，依法追究刑事责任。

第七章 附 则

第四十七条 在地质灾害防治工作中形成的地质资料，应当按照《地质资料管理条例》的规定汇交。

第四十八条 地震灾害的防御和减轻依照防震减灾的法律、行政法规的规定执行。

防洪法律、行政法规对洪水引发的崩塌、滑坡、泥石流的防治有规定的，从其规定。

第四十九条 本条例自2004年3月1日起施行。

全国地质灾害防治“十四五”规划

前　言

为全面深入贯彻落实党的十九大、十九届历次全会和党的二十大精神，坚持以人民为中心的发展思想，推动地质灾害防治工作再上新台阶，有效减轻地质灾害风险，切实保障人民生命财产安全，依据《中华人民共和国国民经济和社会发展第十四个五年规划和2035年远景目标纲要》《地质灾害防治条例》和《国务院关于加强地质灾害防治工作的决定》，衔接自然资源部2020年印发的《地质灾害防治三年行动实施纲要》和《京津冀平原地面沉降综合防治总体规划（2019—2035年）》目标要求，制定本规划。

本规划所指的地质灾害包括自然因素或人为活动引发的危害人民生命和财产安全的山体崩塌、滑坡、泥石流、地面塌陷、地裂缝、地面沉降等与地质作用有关的灾害。规划内容主要包括地质灾害调查评价、监测预警、综合治理、基层防灾能力提升、信息化建设等。规划基准年为2020年，以2021—2025年为规划期。规划范围为除香港特别行政区、澳门特别行政区、台湾地区以外的全国31个省（自治区、直辖市）和新疆生产建设兵团。

一、地质灾害防治现状与形势

（一）地质灾害现状

受太平洋板块、印度洋板块和亚欧板块运动作用，我国构造与地震活动强烈，地形地貌、地质条件复杂，加上气候类型多样，人类工程活动剧烈，我国地质灾害易发、多发、频发。截至2020年底，全国登记在册地质灾害隐患点共有328654处，潜在威胁1399万人和6053亿元财产的安全。按类型划分，滑坡130202处、崩塌67383处、泥石流33667处、不稳定斜坡84782处[1]，其他类型地质灾害12620处。

（二）“十三五”防治成效

面对严峻的地质灾害防治形势，在党中央、国务院的坚强领导下，各级党委政府认真履职，相关部门密切配合，全国自然资源系统和基层干部群众共同努力，圆满完成了《全国地质灾害防治“十三五”规划》确定的主要目标任务，地质灾害防治工作取得明显成效。据统计，通过开展避险搬迁和工程治理等工作，全国受地质灾害威胁的人数由“十二五”末的1891万人降至2020年底的1399万人，减少了492万人，减少26%。“十三五”期间，全国共发生地质灾害34218起，造成1234人死亡（失踪）、直接经济损失160亿元，较“十二五”期间分别减少47%、39%、41%。全国共实现地质灾害成功避让4296起，涉及可能伤亡人员14.6万人，避免直接经济损失50亿元。

2018年10月10日召开的中央财经委员会第三次会议后，各地各部门进一步加强地质灾害防治工作，又取得新进展。2019—2020年，全国共发生地质灾害14021起，造成363人死亡（失踪），年平均死亡（失踪）人数较“十二五”期间减少55%。

1. 地质灾害防治体系不断健全完善

自然资源部认真贯彻党中央、国务院决策部署，成立了由主要负责同志任组长的地质灾害防治领导小组，统筹全系统力量做好各项防灾工作，着力解决隐患风险早期识别、监测预警、基层防灾能力建设等关键问题，逐步完善地质灾害调查评价、监测预警、综合治理、防御响应四大体系。国务院各部门协同联动机制进一步完善。自然资源部与中国气象局持续推进国家、

[1] 不稳定斜坡主要来源于1:10万县市地质灾害调查成果，随着1:5万地质灾害调查工作推进，逐步确定其灾害类型。

省、市、县地质灾害气象风险预警标准化和规范化建设；自然资源部、中国气象局、中国地震局每年年初开展地质灾害趋势会商，分析研判年度地质灾害形势；按照“全力防、配合救”职责分工，应急管理部、自然资源部协调联动，及时应对灾情险情；住房城乡建设部、交通运输部、水利部等部门密切配合，共同做好相关领域地质灾害防范和治理工作。

地方各级政府认真履职，普遍成立了分管负责同志牵头的地质灾害防治工作领导小组或指挥部，落实政府主体责任和部门责任，分工协作，细化落实乡（镇）、村监测预警与防灾避险责任人责任制度，地质灾害防治责任体系和责任链条得到进一步巩固和完善。

地质灾害防治技术标准体系不断完善，“十三五”期间，国家层面发布各类地质灾害防治技术标准 80 项。其中，发布《滑坡防治工程勘查规范》《滑坡防治设计规范》等国家标准 2 项。地方也发布了多项地质灾害防治技术标准。重庆市出台了《地质灾害防治工程勘察规范》，浙江省出台了《浙江省乡镇（街道）地质灾害风险调查评价技术要求（试行）》，山东省出台了《地质灾害治理工程设计技术规范》等。

2. 全面推进 1∶5 万地质灾害调查，在高易发区部分县（市、区）探索开展隐患综合遥感识别

完成 805 个山地丘陵区县（市、区）1∶5 万较详细调查，全国累计完成 1885 个县（市、区），覆盖全部山地丘陵区县（市、区）；完成 41060 处地质灾害隐患点勘查，对地质灾害发育分布规律和特征认识进一步加深。每年坚持在 2000 余个县（市、区）开展汛前排查、汛中巡查、汛后复查，及时更新地质灾害数据库。完成长江三角洲、华北平原、汾渭盆地等重点地区地面沉降和地裂缝调查，基本掌握了我国重点地区地面沉降地裂缝现状。

2019—2020 年，初步建立了空天地一体化地质灾害多尺度调查和风险评价体系；完成全国地质灾害高易发区 9 省（自治区、直辖市）221 个县（市、区）55 万平方千米的地质灾害隐患综合遥感调查识别，部署开展了 597 个县（市、区）1∶5 万地质灾害风险调查，进一步掌握调查区地质灾害隐患风险底数。

3. 完善地质灾害群测群防体系，初步建立普适型监测预警系统

健全完善县、乡、村、组四级群测群防体系，全国现有29.1万名群测群防员，基本实现对直接威胁人员安全的重大地质灾害隐患的全面监控。在28914处地质灾害隐患点布设监测设备。在30个省（自治区、直辖市）、332个市（地、州）、1679个县（市、区）开展汛期地质灾害气象风险预警，共发布国家级地质灾害气象风险预警产品843期。长江三角洲、华北平原、汾渭盆地等地的13个省（自治区、直辖市）共建成基岩标177个，分层标199组，水准监测点12861个，GPS监测点1403个，GPS固定站205个，InSAR监测覆盖范围达75万平方千米。

2019—2020年，在重庆、四川、贵州、陕西等12个省（自治区、直辖市）2512处滑坡开展普适型监测预警实验，成功预报了15起地质灾害，涉及可能伤亡人员366人。

4. 地质灾害避险搬迁和工程治理成效显著

对不宜采取工程治理措施的、受地质灾害威胁严重的居民点，结合易地扶贫搬迁、生态移民等任务，实行主动避让、易地搬迁，共完成42万户、135万受威胁群众的避险搬迁。对威胁人口众多、财产巨大的地质灾害隐患点开展工程治理，共治理21440处崩塌、滑坡、泥石流，保障了379万人安全。通过综合管控地下水开采防治地面沉降成效显著。上海市、江苏省大部分地区和浙江杭嘉湖平原大部分地区年沉降量明显减小；北京市、天津市、河北省地面沉降严重区面积呈现减少趋势。

2019—2020年，全国共对9806处隐患点威胁的21万人实施避险搬迁，完成4457处滑坡、2698处崩塌、759处泥石流的治理工程，有效保护了128万人和340亿元财产安全。

5. 地质灾害应急响应处置能力不断提高

地质灾害防治管理与技术指导机构逐步健全完善。31个省（自治区、直辖市）建立了地质灾害专业技术指导机构，并在18个省（自治区、直辖市）建立了239个市级、853个县级地质灾害专业技术指导机构，24个省（自治区、直辖市）配备了无人机、三维激光扫描仪、地基边坡雷达等地质灾害应

急调查监测技术装备，地质灾害防御响应能力不断提高。妥善处置“10・11”金沙江白格滑坡堵江和“8・8”九寨沟地震次生地质灾害等重、特大地质灾害。地质灾害应急值守机制不断完善，信息报送时效性、准确性大幅提升。

2019—2020年，共派出国家级专家组85批次300余人次，妥善处置“3・15”山西乡宁滑坡和“7・23”贵州水城滑坡等重、特大地质灾害。

6. 基层地质灾害防灾意识和能力进一步提升

继续开展湖南、四川、云南、甘肃、湖北、重庆、贵州、陕西8个省（市）地质灾害综合防治体系建设。19个省份建立了专业地勘队伍包县、包乡防灾机制，2020年共有920支分队、6713名专业技术人员为基层提供技术支持。“十三五”期间，制作完成挂图、图书、手册、动画等科普产品60余种，不断丰富科普宣传形式和内容。“十三五”期间，全国共组织地质灾害防治知识培训15万余场，应急演练32万余次，参加人员2790万余人次，编制发放宣传材料2000万余份，基层地质灾害防治组织管理、技术支撑、监测预警和临灾避险等能力进一步提升。

2019—2020年，自然资源部建立了汛期地质灾害防治专家分省驻守工作制度，向各省派出驻守专家66名，长期指导、督促各省落实防治责任，协助开展趋势预测、巡查排查、监测预警等防灾工作，协助应对突发地质灾害。

7. 地质灾害防治信息化水平明显提升

建立1个国家级、31个省级地质灾害信息系统，并实现国家级与省级地质灾害数据库互联互通。建立了覆盖全国的地质灾害数据库，实现地质灾害隐患点管理和综合防治信息全面监管服务，初步实现地质灾害调查、监测预警、项目管理和指挥调度在线化，实现数据采集、分析、管理和服务全流程信息化。

（三）“十四五”防治形势

1. 党中央、国务院对地质灾害防治工作提出了更高要求

党中央、国务院历来高度重视地质灾害防治工作。2016年7月，习近

平总书记在河北唐山市考察时针对国家综合防灾减灾救灾工作提出了“两个坚持、三个转变”，即“坚持以防为主、防抗救相结合；坚持常态减灾和非常态救灾相统一”“从注重灾后救助向注重灾前预防转变；从应对单一灾种向综合减灾转变；从减少灾害损失向减轻灾害风险转变”。2018 年 10 月，习近平总书记在中央财经委员会第三次会议上指出，要建立高效科学的自然灾害防治体系，提高全社会自然灾害防治能力，为保护人民群众生命财产安全和国家安全提供有力保障。《中华人民共和国国民经济和社会发展第十四个五年规划和 2035 年远景目标纲要》提出，“统筹发展和安全，建设更高水平的平安中国”“开展灾害事故风险隐患排查治理，实施公共基础设施安全加固和自然灾害防治能力提升工程，提升洪涝干旱、森林草原火灾、地质灾害、气象灾害、地震等自然灾害防御工程标准”。党的二十大报告提出，“坚持安全第一、预防为主”“提高防灾减灾救灾和重大突发公共事件处置保障能力”。为落实上述要求，需全面、系统掌握地质灾害隐患风险底数，动态评价风险变化，及时采取合理有效的防范措施，切实提高人民生命安全保障能力，为更高水平的平安中国建设提供支撑。

2. 我国地质灾害防治形势依然严峻，气候变化、地震频发、人类工程活动加剧带来新挑战

我国地形地貌、地质条件等引发地质灾害的基础地质环境条件没有改变，仍是世界上地质灾害最为发育的国家之一，地质灾害发育类型多，分布广泛，隐患总量大。西南地区构造活动强烈、岩体破碎，西北黄土地区沟壑纵横、土体松散，中南山区地形陡峻、切割剧烈，东南山地丘陵区岩体风化强烈、残坡积层覆盖广，容易发育崩塌、滑坡、泥石流等不同类型的地质灾害和灾害链。长江三角洲、华北平原、汾渭盆地等区域不同程度发育地面沉降和地裂缝灾害。

我国气候类型复杂多样，季风气候显著，暴雨、洪水、旱涝急转、温度骤变等不良气候因素导致突发地质灾害频繁发生。近年来，我国深受全球气候变化影响，降雨、升温的幅度与速率高于全球，极端强降雨、局地集中降雨等极端天气气候事件频发，汛期主降雨带范围变化，造成原来不易发生地

质灾害的地区地质灾害易发程度明显增高，局地引发群发灾害增多，地质灾害高发时段也从以往6—8月为主扩展为4—10月为主，地质灾害的动态变化性和时空不确定性更加凸显。

我国位于世界两大地震带—环太平洋地震带和欧亚地震带的交汇部位，地震频率高、强度大、分布广，地震造成山体破坏、岩体破碎、地质环境恶化，引发大量崩塌、滑坡、泥石流等次生地质灾害。近年来，西部地区地震多发，使大量山体破坏、岩土体破碎形成“内伤”，引发群发性地质灾害。“5·12”汶川地震后，震区地质灾害年发生数量为震前的2～3倍。近年来，四川汶川、芦山、康定、九寨沟、泸定、宜宾，云南彝良、鲁甸，青海玉树等震区地质灾害大幅度增加。据地震部门研究预测，我国已进入新一轮强震活跃期，青藏中北部、南北构造带、天山构造带中西段等地区次生地质灾害风险增加。

近年来，我国山区城镇化建设、道路通讯设施、重要基础设施、重大工程建设、能源资源开发、地下空间开发利用等人类工程活动的规模、范围和强度日益增大，人类工程活动引发地质灾害增加，加剧了地质灾害风险。山区能源交通建设、资源开采、水利水电开发和运营、城镇建设和农村农房建设等成为地质灾害高风险领域。

3. 地质灾害防治工作依然存在调查评价精度不够、先进技术手段应用不足、隐患识别、监测预警和风险管控能力不强、经费投入偏少等薄弱环节

我国地质灾害点多面广，隐蔽性、复杂性、突发性、时空不确定性和动态变化性强，之前虽然开展了多轮次1∶10万、1∶5万地质灾害调查工作，但调查评价精度和覆盖面仍显不够，利用综合遥感技术识别地质灾害隐患能力尚有较大提升空间，高分辨率光学卫星、InSAR、地基SAR、机载LiDAR、航空物探等先进技术手段在地质灾害防治领域应用仍不充分。区域地质灾害气象风险预警和自动化地质灾害监测点网覆盖度不足，针对不同区域不同类型地质灾害的预警预报模型尚不成熟，地质灾害防治装备技术水平和信息化能力仍需进一步提高。

目前，我国地质灾害防治仍以“看住”已知隐患点为主，对区域上的风险识别、评价与管控刚刚起步，风险调查评价还未做到与国土空间规划、用途管制的充分衔接，风险源头管控不足。在地质灾害防治经费投入方面，目前中央财政设立了特大型地质灾害防治专项补助资金，各级地方财政也相应建立了资金渠道，但现有投资规模与全国地质灾害防治实际需求间仍存在较大差距。

二、指导思想与规划目标

（一）指导思想

以习近平新时代中国特色社会主义思想为指导，全面贯彻党的十九大、十九届历次全会和党的二十大精神，贯彻落实习近平总书记关于防灾减灾救灾的系列重要指示要求，牢固树立总体国家安全观，立足新发展阶段，贯彻新发展理念，构建新发展格局，以“两个坚持、三个转变”为根本遵循，以提升地质灾害防治能力、减轻地质灾害风险为主线，以保障人民生命财产安全为根本目的，聚焦“隐患在哪里”“结构是什么”“什么时候发生”等关键问题，依靠科技创新、管理创新和信息化，持续推进地质灾害隐患识别、调查评价、监测预警、综合治理和基层防灾能力建设，持续开展地质灾害易发区 1∶5 万和重点地区 1∶1 万基础调查，不断提升地质灾害防治工作服务经济社会高质量发展的能力和水平，为建设更高水平的平安中国作出贡献。

（二）规划原则

1. 人民至上、生命至上

坚持以人民为中心的发展思想，统筹发展和安全，“坚持以防为主、防抗救相结合”“坚持常态减灾和非常态救灾相统一”，以对人民生命安全极端负责的精神，加强人口密集区、人类活动集中区、重大工程建设区等地质灾害防治工作，切实保护人民生命财产安全。

2. 提升能力、降低风险

把“从注重灾后救助向注重灾前预防转变”“从减少灾害损失向减轻灾害风险转变”的工作理念贯穿地质灾害防治全过程，创新地质灾害防治管理和技术方法，提升“隐患在哪里”“结构是什么”的遥感识别和调查评价能力、“什么时候发生”的“人防＋技防”监测预警能力，以及基层防灾和科技支撑能力，提高地质灾害防御工程标准，切实减轻地质灾害风险。

3. 全面推进、突出重点

统筹东中西部，兼顾突发与缓变，全面推进各地地质灾害综合防治体系建设。聚焦防灾减灾关键领域、关键问题、关键环节及重点地区、重点隐患和重点时段，因地制宜，分类施策，合理部署，务求实效，努力提高地质灾害综合防治水平。

4. 综合治理、服务发展

坚持“系统治理、依法治理、综合治理、源头治理”。树立底线思维，强化源头管控，加强地质灾害防治工作与国土空间规划的衔接，突出地质灾害调查评价成果对城镇开发边界划定的反向约束，科学安排监测预警，按照“宜搬则搬、宜治则治”原则，统筹实施好工程治理和避险搬迁等综合治理措施，为经济社会发展安全提供基础支撑。

5. 统筹协调、群防群治

坚持党委领导、政府负责、部门协同、分级管理。自然资源主管部门负责组织、协调、指导和监督，着力提升基层群测群防能力，督促各行业主管部门负责落实监管责任和工程建设单位主体责任，相关部门密切配合，切实减少人为因素引发地质灾害。

（三）规划目标

到 2025 年，健全完善以地质灾害风险防控为主线的综合防治体系，提升地质灾害防治能力和防御工程标准，最大限度防范和化解地质灾害风险，推动地质灾害防治工作再上新台阶。

——风险管控能力持续提升。初步完成国家、省、市、县四级地质灾害风险评价与区划，在地质灾害防治重点省份持续推行“隐患点 + 风险区”双控，探索形成风险管控制度、责任体系和技术方法。通过规划管控、人类工程活动管控、关键时段管控等，提升风险管控能力。

——隐患识别能力显著提升。实现易发区地质灾害隐患综合遥感识别全覆盖。开展 1423 个县（市、区）1∶5 万地质灾害风险调查评价与区划，完成人口聚集或风险较大的 75 万平方千米重点区域 1∶1 万调查评价，进一步提高全国地质灾害调查评价精度，实现全国地质灾害数据库动态管理。

——监测预警能力显著提升。完善“人防 + 技防”地质灾害监测预警体系，提升地质灾害易发区内的市级、县级地质灾害气象风险预警预报能力，“十四五”期末累计建成 6 万处普适型地质灾害监测网点，提升地质灾害预警时效性和覆盖面。

——防御工程标准显著提升。针对重要人口聚集区和极高、高风险地质灾害隐患点开展工程治理或避险搬迁，有效提高对重大隐患的防御能力。对已经实施的重大地质灾害防治工程开展运行维护，提高住房建设、重大基础设施建设地质灾害防御工程标准。

——基层防灾意识和能力显著提升。在地质灾害高、中易发区县（市、区）推广专业技术队伍包县技术服务，提升地质灾害防御装备现代化水平，全面提高防灾减灾意识和风险防御、应急处突能力。发动基层组织和群众，充分依靠全社会力量，利用一切可利用资源推动形成全民防灾新格局。

——科技信息能力显著提升。充分利用国产卫星、无人机、测绘地理信息和地面调查等手段，建立综合遥感识别技术体系，提升地质灾害隐患动态识别技术水平；综合运用无线组网与物联网技术、GNSS 技术、多参量数据融合技术等新型技术手段，研发普适型智能化实时监测预警装备；利用人工智能、移动互联、区块链、大数据等技术，加强地质灾害风险评价，健全完善全国地质灾害综合信息平台；创新一批地质灾害防治理论和关键核心技术，完善地质灾害防治标准体系。

专栏1 “十四五”时期地质灾害防治主要指标规划值		
类　别	指　标	2021—2025 年
调查评价	1. 地质灾害隐患综合遥感识别（万平方千米）	717
	2. 1∶5 万地质灾害风险调查（县）	1423
	3. 1∶1 万地质灾害调查（万平方千米）	75
监测预警	4. 地质灾害隐患普适型监测点（万处）	6
	5. 易发区县级地质灾害气象风险预警预报覆盖率（%）	100
信息服务	6. 全国地质灾害综合信息平台（个）	1

三、地质灾害易发区和重点防治区

（一）地质灾害易发区

根据地质灾害发育分布特征，结合地形地貌、岩土体类型及性质、地质构造以及地下水特征等地质环境条件和降雨、地震、人为活动等影响因素，考虑近年来部分地区降雨增多、气温上升和地震活动趋势增强等变化情况，划定高、中、低三级地质灾害易发区，比例尺为 1∶400 万。

滑坡、崩塌、泥石流和地面塌陷易发区面积约 717 万平方千米，其中高易发区面积约 128 万平方千米，中易发区面积约 279 万平方千米，低易发区面积约 310 万平方千米（图略）[1]，高、中易发区主要分布在川东渝南鄂西湘西山地、青藏高原东缘、云贵高原、秦巴山地、黄土高原、汾渭盆地周缘、东南丘陵山地、新疆伊犁、燕山等地区。地面沉降和地裂缝高、中易发区主要分布在长江三角洲、华北平原、汾渭盆地、珠江三角洲、淮河平原、东北平原等地区。

[1] 全国崩塌滑坡泥石流地面塌陷易发程度图用于指导地质灾害防治规划编制和防治工作部署，不适用于地质灾害危险性评估等具体工作。

（二）地质灾害重点防治区

根据全国地质灾害易发区分布，围绕长江经济带、黄河流域、成渝地区双城经济圈建设等国家区域重大战略实施和雅鲁藏布江下游水电开发、川藏铁路等重大工程建设需求，综合考虑区域社会经济发展和地质灾害防治现状及以往地质灾害所造成的人员伤亡和经济损失情况，提出“十四五”期间的16个地质灾害重点防治区（图略），总面积约315.3万平方千米。其中，滑坡、崩塌、泥石流、地面塌陷重点防治区面积约288.2万平方千米，地面沉降和地裂缝重点防治区面积约27.1万平方千米。

1. 西藏喜马拉雅重点地区高位远程滑坡及链式灾害重点防治区

该区域主要位于西藏东南部，毗邻云贵高原西部，面积约12万平方千米，占全国重点防治区总面积的3.8%。区内地处青藏高原南缘，平均海拔超过3500米，地形地貌极为复杂，峡谷高差悬殊，河流下切作用强烈，地表破碎，为高位远程滑坡和链式灾害发育提供有利条件。区内地壳隆升、冰川侵蚀及第四纪断裂活动等新构造运动对地质灾害发育控制作用明显。受青藏高原暖湿化影响，冰湖溃决形成洪水进而引发泥石流灾害链风险上升。该区是川藏铁路、雅鲁藏布江下游水电开发、中尼交通网络、边境口岸等国家重大工程建设区，防治重点是高位远程滑坡及其导致的堵江溃决链式灾害。

2. 滇西川西藏东横断山区高山峡谷滑坡崩塌泥石流重点防治区

该区域主要位于云南西部、四川西部及西藏东部，面积约44万平方千米，占全国重点防治区总面积的14%。巨型、特大型和大型规模的地质灾害数量相对较多，高位远程地质灾害及灾害链发育。区内平均海拔3000米，金沙江、澜沧江、怒江及其主要支流等深切成谷，地形切割强烈；区内活动断裂密集，碎屑岩、碳酸岩、变质岩发育，以干热河谷气候为主。降雨、冻融、地震和不合理人为活动是主要引发因素，活动构造对地质灾害的发育具有明显的控制性作用。该区防治重点是威胁人口聚集区、能源开采、大型水利水电工程的高位远程滑坡、崩塌、泥石流及链式灾害。

3. 川南滇东北黔东黔西高山峡谷区滑坡崩塌泥石流重点防治区

该区域主要位于四川南部、云南东北部、贵州东、西部，涉及大渡河中下游、普渡河流域、鲜水河流域、雅砻江下游及黑水河上游、小江流域以及龙门山断裂带地区，是全国大型水利水电工程和川藏铁路等重大基础设施建设区，面积约 35.5 万平方千米，占全国重点防治区总面积的 11.3%。巨型、特大型和大型规模的地质灾害数量相对较多，高位远程地质灾害发育。该区地质构造复杂，地形切割强烈，地震活动强烈，岩土体破碎。降雨、冻融、地震和不合理人为活动是主要引发因素。该区防治重点是分布于水电工程区、城镇、人口聚集区、交通干线两侧的滑坡、崩塌、泥石流灾害。

4. 桂北黔南粤西北中山区岩溶崩塌地面塌陷重点防治区

该区域主要位于广西北部、贵州南部和广东西北部，范围包括南宁、柳州、桂林、百色、河池等地质灾害中、高易发地区，面积约 29.2 万平方千米，占全国重点防治区总面积的 9.3%。区内地质灾害隐患点密度是全国平均数的 1.6 倍。该区地处云贵高原和东南沿海丘陵过渡带，地形以峰林平原、丘陵盆地为主，地形切割较强，地质构造复杂，岩体风化严重，岩溶发育强烈，属热带季风气候，降水量丰富，大规模人类工程活动强烈。该区防治重点是能源基地、大型水利水电工程区、交通干线两侧的崩塌和地面塌陷灾害。

5. 湘东南赣西中低山区群发性滑坡崩塌重点防治区

该区域主要位于湖南东南部和江西西部，以及广西北部少部分地区，面积约 23.7 万平方千米，占全国重点防治区总面积的 7.5%。区内地质灾害隐患点分布密度是全国平均数的 3.8 倍，规模以中小型为主。该区地处云贵高原向江南丘陵过渡地带，地貌形态多样，以构造侵蚀中低山为主，变质岩发育，岩土体风化程度较高，降雨丰沛。降雨和不合理人为活动是主要引发因素。该区防治重点是降雨引发和人为切坡所导致的群发性滑坡、崩塌灾害。

6. 浙闽粤赣皖低山丘陵区台风暴雨型滑坡崩塌重点防治区

该区域主要位于我国东南沿海地区，包括浙江大部、福建大部、广东东北部、江西东部、安徽东南部部分地区，面积约 37.1 万平方千米，占全国重点防治区总面积的 11.8%。据统计，区内地质灾害隐患点分布密度是全国平均数的 4.2 倍，规模以中小型为主。该区以构造侵蚀低中山为主，岩浆岩分布广泛，风化程度较高。降雨是主要引发因素，受台风暴雨、梅雨影响，区内年平均降水量在 1800 ~ 2200 毫米。该区防治重点是降雨引发和人为切坡所导致的群发性滑坡、崩塌灾害。

7. 长江中上游三峡库区滑坡崩塌重点防治区

该区域主要位于长江中上游三峡库区，包括重庆东北部、湖北西南部部分地区，面积约 15.6 万平方千米，占全国重点防治区总面积的 5%。区内地质灾害隐患点分布密度是全国平均数的 3.3 倍。区内以中山地貌为主，坡陡谷深，主要受控于北东向褶皱带和黄陵背斜为主的近南北向构造影响，区内地质灾害具有带状和相对集中于城镇等人口聚集区分布的特点。库水位周期性变化、水位消落区岩体劣化、降雨等是区内地质灾害主要引发因素。该区防治重点是水库消落带的滑坡、崩塌灾害及库岸失稳。

8. 陇南陕南川北秦岭大巴山区滑坡崩塌泥石流重点防治区

该区域主要位于甘肃南部、陕西南部、四川北部和汶川震区，以及丹江口水库区，面积约 28.5 万平方千米，占全国重点防治区总面积的 9%。区内地质灾害隐患点分布密度是全国平均数的 3.1 倍，巨型、特大型和大型规模的地质灾害数量相对较多，地质灾害具有群发性和链生性特点。该区地震活跃，活动断裂发育密集，山高谷深，地形起伏大，岩土体破碎，斜坡稳定性差，人类开发扰动强烈。降雨、冻融、地震和不合理人为活动是主要引发因素。该区防治重点是广泛分布于断裂、河谷和交通干线两侧、丹江口水库区以及城镇和农村地区周边的滑坡、崩塌、泥石流灾害。

9. 青东陇中陕北晋西北黄土滑坡崩塌泥石流重点防治区

该区域主要位于青海东部部分地区、甘肃中部、陕西北部部分地区、山西西北部以及宁夏南部固原地区，是黄河流域生态保护和高质量发展战略实施重要区域，面积约 20 万平方千米，占全国重点防治区总面积的 6.3%。该区域总体位于黄土高原西南部，属黄土丘陵地貌，黄土覆盖层厚，沟谷切割深，新构造运动活跃。降雨和不合理人为工程活动是区内黄土滑坡、崩塌的主要引发因素。该区防治重点是城市周边、交通干线两侧和人口聚集区的黄土滑坡、崩塌、泥石流，以及采矿引发的地面塌陷灾害。

10. 新疆南部滑坡崩塌泥石流重点防治区

该区域主要位于新疆南部地区，主要包括阿图什市、喀什市、阿克陶县、乌恰县、莎车县、叶城县、塔什库尔干塔吉克自治县、墨玉县、策勒县、于田县、民丰县、且末县等部分地区，面积 20.3 万平方千米，占全国重点防治区总面积的 6.4%。区内以山地为主，地形起伏不平。降雨是区内地质灾害的主要引发因素。该区防治重点是城镇、人口密集区和重要工程项目区的滑坡、崩塌、泥石流灾害。

11. 新疆伊犁地区滑坡泥石流重点防治区

该区域主要位于新疆西部，是“一带一路”国内段的重要部分，包括伊宁市和伊宁、霍城、特克斯、巩留、尼勒克等县，面积约 16 万平方千米，占全国重点防治区总面积的 5.1%。区内以山地为主，近年来构造活动呈上升趋势，导致地震引发地质灾害风险上升。降雨和不合理人为活动是主要引发因素。该区防治重点是公路和转场牧道两侧以及农牧民聚集区的滑坡、泥石流灾害。

12. 辽东低山丘陵区泥石流重点防治区

该区域主要位于辽宁省东部，面积约 6.3 万平方千米，占全国重点防治区总面积的 2%。该区主要为海拔 600 ~ 900 米的低山丘陵区，区内地质构造复杂，郯庐断裂带穿过该区域；变质岩风化程度较高，岩体断裂破碎。该区地处暖温带大陆性季风湿润区，降雨丰沛。降雨和不合理人为活动是主要引发因素。该区防治重点是降雨引发的泥石流灾害。

13. 华北平原地面沉降重点防治区

该区域主要位于我国华北地区，包括北京、天津、河北、山东等地，涉及京津冀协同发展重要战略区，面积约 12.7 万平方千米，占全国重点防治区总面积的 4%。该区地势平坦，发育巨厚的粘性土和砂性土，深层地下水超采严重，分布有多个地下水降落漏斗，水资源短缺是华北平原地面沉降面临的最大挑战。该区防治重点是北京、天津、雄安新区、沧州、邢台和德州等重点区域地面沉降与地裂缝灾害。

14. 长江三角洲地面沉降重点防治区

该区域主要包括安徽阜阳和亳州、淮北、上海、江苏南部及沿海地区、浙江北部及东南沿海地区等，是长江三角洲区域一体化发展区，面积约 7.9 万平方千米，占全国重点防治区总面积的 2.5%。区内主要分布细、粉砂及淤泥质粘土、砂质粘土等，承压含水层分布广泛。该区防治重点是淮北平原、上海、江苏苏锡常及沿海地区、浙江杭嘉湖等主要城市和海岸带等地区及铁路沿线的地面沉降和地裂缝灾害。

15. 汾渭盆地地面沉降地裂缝重点防治区

该区域主要位于陕西关中盆地和山西汾河谷地，面积约 5.1 万平方千米，占全国重点防治区总面积的 1.6%。该区自六盘山南段至宝鸡、沿渭河向东经西安到风陵渡、转向北东，再沿汾河经临汾、太原到大同。该区防治重点是西安、太原、大同、临汾和运城等地区的地裂缝和地面沉降灾害。

16. 珠江三角洲地面塌陷地面沉降重点防治区

该区域主要包括珠江三角洲的广州、深圳、江门、惠州等市和四会、高要等县（市、区），是粤港澳大湾区建设的重要区域，面积约 1.4 万平方千米，占全国重点防治区总面积的 0.4%。该区地势低洼，分布淤泥类软土和砂性土，深部普遍存在承压含水层。该区防治重点是深圳、广州等地的地面塌陷和珠江三角洲、韩江三角洲和雷州半岛的地面沉降灾害。

四、地质灾害防治任务

（一）聚焦“隐患在哪里”和“结构是什么”，开展调查评价，掌握隐患风险底数

1. 加强地质灾害隐患综合遥感识别

充分利用基于星载、航空、地面的空天地一体化多源立体观测体系，开展多方法、分层次、多尺度综合遥感动态调查，全面开展地质灾害易发区隐患识别和地面验证，进一步掌握地质灾害隐患底数及动态变化情况，为地质灾害综合信息平台提供地质灾害隐患动态变化信息。

专栏 2　地质灾害隐患综合遥感识别工作部署
01　隐患综合遥感识别技术研发 基于星载、航空、地面的空天地一体化多源立体综合遥感观测技术，研发国产SAR卫星数据质量提升、干涉与差分干涉、地表变化和形变信息快速提取和中低空遥感数据实时高速传输与快速处理等技术。
02　易发区综合遥感识别 重点和优先部署区域包括：青东陇中陕北晋西北黄土滑坡崩塌泥石流重点防治区、陇南陕南川北秦岭大巴山区滑坡崩塌泥石流重点防治区、长江中上游三峡库区滑坡崩塌重点防治区、滇西川西藏东横断山区高山峡谷滑坡崩塌泥石流重点防治区和西藏喜马拉雅重点地区高位远程滑坡及链式灾害重点防治区。 2021年，开展128万平方千米高易发区地质灾害隐患综合遥感识别和地面验证；2022年，开展407万平方千米高、中易发区地质灾害隐患综合遥感识别和地面验证；2023至2025年，每年开展717万平方千米易发区地质灾害隐患综合遥感识别和地面验证。

2. 继续开展1:5万地质灾害风险调查

在已部署开展597个县（市、区）1:5万地质灾害风险调查基础上，继续部署开展1423个县（市、区）1:5万地质灾害风险调查，及时核查综合遥感调查发现的地质灾害隐患，开展年度地质灾害动态排查，更新地质灾害

数据库。开展重点省份地面沉降调查及易发性分区研究，开展县域及重点地区地质灾害风险评价与区划，提出地质灾害风险防范对策建议。编制国家、省、市、县地质灾害易发性评价图、风险区划图和防治区划图。深入推进地质灾害调查成果运用，为地质灾害综合信息平台提供地质灾害隐患基础数据，为国土空间规划编制提供依据。

专栏3　1:5万地质灾害调查工作部署

01　1:5万地质灾害风险调查

继续开展相关省（自治区、直辖市）1423个县（市、区）1:5万地质灾害风险调查，同步完成域内重点调查区1:1万调查评价及受地质灾害威胁严重的人口聚集区重点隐患初步勘查，核查地质灾害隐患，进一步查明孕灾条件、易发区域、危险地带、隐患点空间分布、威胁对象和风险等级，基本掌握地质灾害隐患风险底数。

02　地质灾害风险排查

开展2020个县（市、区）年度地质灾害风险排查，掌握地质灾害风险动态。

03　风险评价与区划

完成1423个县（市、区）1:5万地质灾害风险评价与区划，提出地质灾害风险防范对策建议。完成国家、省、市、县四级行政单元地质灾害风险评价与区划，编制不同层级地质灾害易发性评价图；编制不同层级地质灾害防治区划图，划分重点、次重点和一般防治区，分类提出风险管控对策建议。

04　地面沉降调查、评价与区划

在华北平原地面沉降重点防治区、长江三角洲地面沉降重点防治区、汾渭盆地地面沉降地裂缝重点防治区、珠江三角洲地面塌陷地面沉降重点防治区等，开展区域地面沉降调查，完成调查面积32万平方千米，掌握区域地面沉降现状及变化趋势，形成全国地面沉降“一张图”。

开展北京、天津、河北、山西、辽宁、黑龙江、上海、江苏、浙江、安徽、山东、河南、广东、陕西、新疆（包含新疆生产建设兵团）等省（自治区、直辖市）地面沉降易发性评价与区划。以地形地貌、松散沉积物厚度、粘性土或软土层厚度、地下水主采层数量、土地利用程度等为主要评价因子，编制地面沉降易发性评价图，划分为高易发区、中易发区和低易发区。

3. 开展 1:1 万地质灾害调查

针对人口聚集区、重点移民城镇、公共基础设施区等部署开展 1:1 万地质灾害调查，加强地质灾害成灾机理研究，掌握地质灾害隐患和潜在致灾体的结构特征、稳定性变化趋势、威胁范围和风险等级。在地质灾害重点防治区，针对高位远程地质灾害或成灾机理认识不清、InSAR 监测已经发现存在变形但地面调查难以发现的重大滑坡、泥石流隐患等开展 1:1 万机载激光雷达高精度测量，精细刻画灾害体地质特征，查清灾害体动态变化情况，辅助地质灾害地面调查与评价。在地面沉降易发区、地下水超采区、特大城市区和重大线性工程区，持续开展地面沉降与地裂缝调查，掌握区域地面沉降现状及变化趋势，查明重点地区地下水、地热、油气等地下流体资源开采以及建筑荷载、软土固结等因素对地面沉降产生和发展的影响。继续开展重点地区地面塌陷调查，掌握地面塌陷现状及变化趋势。

专栏 4　1:1 万地质灾害调查工作部署

01　1:1 万地质灾害调查

重点针对城镇、村组、居民区等人口聚集区和公共基础设施区开展 1:1 万调查及重点隐患初步勘查，部署开展调查面积 75 万平方千米，加强地质灾害成灾机理研究，掌握地质灾害隐患和潜在致灾体的结构特征、稳定性变化趋势、威胁范围和风险等级。

02　重大滑坡、泥石流隐患 1:1 万高精度测量

针对高位远程、认识不清、InSAR 监测已经发现存在变形但地面调查难以发现的重大滑坡、泥石流隐患等开展机载激光雷达高精度测量，完成调查面积 7 万平方千米，精细刻画灾害体地质特征，查清灾害体动态变化情况。

03　地裂缝与地面塌陷调查

在华北平原、汾渭盆地地面沉降地裂缝重点防治区等区域开展地裂缝调查。开展湘中南、桂西及桂北、粤港澳大湾区、西部陆海新通道建设区等重点地区地面塌陷调查，掌握区域地面塌陷现状及变化趋势。

（二）聚焦地质灾害“什么时候发生”，完善监测预警体系，提高预警能力

1. 提升地质灾害气象风险预警预报精度

深化全国地质灾害气象风险预警预报，进一步推进国家、省、市、县四级地质灾害气象风险预警预报网络建设，提升地质灾害易发区市级、县级地质灾害气象风险预警预报能力。加密预警频次，提升预警精准度和时效性。结合地质灾害综合信息平台基础数据，及时发布不同条件下区域地质灾害风险等级。

2. 提升地质灾害群测群防能力

充分发挥地质灾害防治“第一道防线”作用，继续保持地质灾害隐患点群测群防全覆盖。持续提升地质灾害群测群防管理和技术水平，进一步完善工作机制，完善网格化管理模式。加强群测群防员遴选，强化监测设备配备和技术培训，提高识灾、观测、辨灾、处置、自救、互救等能力，健全完善群测群防资金保障机制和成功避险奖励机制。结合地质灾害综合信息平台基础数据，及时研判地质灾害隐患点变化趋势。

3. 提高普适型地质灾害监测预警设备布设覆盖面

基于物联网及现代传感器技术，持续攻关研发低功耗、低成本、适应复杂环境、能够反映地质灾害变化特征及影响因素的普适型监测仪器。加强普适型地质灾害监测点网建设，进一步完善地质灾害专业监测预警网络。在重点地区，持续开展空中 InSAR 动态监测，并完善以地面水准测量、GNSS 测量和地下分层标分层监测相结合的地面沉降监测立体网络，深入开展地面沉降机理与防控对策研究，强化多因素综合分析，加强对工程建设活动引发或加剧不均匀地面沉降的研究。结合地质灾害综合信息平台基础数据和实时监测数据，研发分区域分类型地质灾害预警预报、危险性预测等模型，及时掌握地质灾害隐患点动态，及时发送预警预报信息，并采取相应防范措施。

专栏5　地质灾害监测预警工作部署

01　地质灾害气象风险预警预报

健全完善国家、省、市、县四级地质灾害气象风险预警预报网络，提升地质灾害易发区市级、县级地质灾害气象风险预警预报能力。提高地质灾害气象风险预警网格密度、预警时长和频次，提升预警精准度和时效性。及时发布不同条件下区域地质灾害风险等级。

02　地质灾害群测群防体系建设

实现地质灾害隐患点群测群防全覆盖。提升地质灾害群测群防管理和技术水平，完善网格化管理模式。加强群测群防员遴选，强化监测设备配备和技术培训，提高防灾避险自救能力，健全完善群测群防资金保障机制和成功避险奖励机制。

03　普适型监测点网建设

“十四五”期末累计建成并运行6万处普适型监测点。鼓励各地在风险区探索安装简易型监测设备。

04　监测预警技术研发

研究突破微机电、智能图像、高精定位、超宽带、毫米波雷达等新型传感器在地质灾害监测领域应用的共性关键技术；研究智能变频与多源供电技术，降低运行功耗，提升供电能力；研究装备智能诊断与远程维护技术；研究无人值守自动监测巡检技术；研究地质灾害监测预警北斗集成技术；研发低成本的便携型和抛撒型地质灾害监测预警装备；研究水位消落区岩体劣化监测预警技术等。

基于地质灾害形成机理、动力学过程与成灾机理研究，构建多类型多参数高精度地质灾害预警预报模型和自适应预警技术。

修编地质灾害专群结合监测预警技术指南和地面沉降调查与监测规范等，编制地质灾害监测预警通信技术标准等。

（三）稳步推进地质灾害工程治理，提升工程标准

对威胁县城、集镇、学校、景区、重要基础设施、重要水库库区、人口聚集区等，且难以实施避险搬迁的地质灾害隐患点，或稳定性差、风险等级高、不宜避险搬迁的地质灾害隐患点，根据宜治则治、因地制宜、轻重缓急原则开展工程治理，科学设计防范措施，提高重点地区和重点部位防御工程

标准。对调查发现的风险高、险情紧迫、治理措施相对简单的地质灾害隐患点，采取投入少、工期短、见效快的工程治理措施，组织排危除险。加强对建成一定年限以上治理工程的复查，对受损或防治能力降低的地质灾害治理工程，及时采取清淤、加固、维修、修缮等措施进行维护，确保防治工程的长期安全运行。综合利用地下水人工回灌、实施深基坑降排水管控、增加地下水替代水源等措施，治理地面沉降。

创新和发展适用于强烈内外动力作用下的工程防灾减灾设计理论，研发黄土地质灾害防治、大型泥石流沟治理、大型滑坡排水抗滑组合技术、高位崩塌新型刚柔组合技术、水位消落区劣化岩体生态治理技术等。

专栏 6　地质灾害综合治理工作部署

01　工程治理

重点部署区域主要包括：青东陇中陕北晋西北黄土滑坡崩塌泥石流重点防治区、陇南陕南川北秦岭大巴山区滑坡崩塌泥石流重点防治区、长江中上游三峡库区滑坡崩塌重点防治区、川南滇东北黔东黔西高山峡谷区滑坡崩塌泥石流重点防治区、滇西川西藏东横断山区高山峡谷滑坡崩塌泥石流重点防治区、辽东低山丘陵区泥石流重点防治区、湘东南赣西中低山区群发性滑坡崩塌重点防治区。在京津冀平原等地面沉降严重地区开展综合治理，提出切实可行的防治对策。

计划实施工程治理 7000 处。优先治理威胁 500 人以上的地质灾害隐患点。计划实施地质灾害隐患排危除险 11000 处。计划实施地质灾害治理工程维护 2500 处。

（四）积极推进地质灾害避险搬迁

对不宜采用工程措施治理的、受地质灾害威胁严重且成灾风险较高的居民点或乡镇驻地及县城区，结合生态功能区人口转移、工程建设和乡村振兴等政策，尊重群众意愿，充分考虑“搬得出、稳得住、能致富”的要求，开展主动避让、避险搬迁，及时化解地质灾害风险。按照宜搬则搬、轻重缓急原则，对成灾风险较高的地质灾害隐患点，优先安排避险搬迁。“十四五”期间，拟实施避险搬迁 30 万人。若国家另有相关支持政策加大搬迁力度，则根据实际情况进行调整。

（五）提升风险防控能力，推动全民防灾

1. 创新地质灾害风险管理方法

在现有运行的地质灾害隐患点防控体系基础上，基于1∶5万地质灾害调查评价与区划结果，综合考虑地质、地形地貌、引发因素、承灾体等，划定风险等级，通过在典型地区试点，在地质灾害防治重点省份全面推行“隐患点＋风险区”双控，探索形成风险管控制度、责任体系和技术方法。建立地质灾害风险源头管控机制，发挥地质灾害危险性评估作用，强化地质灾害高、中易发区国土空间规划管控和用途管制。

2. 健全地质灾害防御技术支撑体系

全面建立完善国家、省、市、县四级地质灾害防御技术支撑体系，加强地质灾害防治专家队伍和汛期驻守专家队伍建设，在地质灾害高、中易发区县（市、区）全面推行专业技术队伍包县技术服务，提升地质灾害防御技术支撑能力。

3. 加强地质灾害防御技术装备现代化

推进地质灾害防御技术装备保障能力建设，配置中低空数据采集、地基数据采集、数据传输网络、车载或船载式地质灾害技术保障系统等地质灾害专业化技术装备，加强地质灾害野外专业技术用车保障，大幅提升地质灾害防御信息获取能力、通信保障能力和数据综合分析能力等。提升公共设施在应对地质灾害方面的作用。

4. 推动全民防灾减灾

依托基层社会治理体系，充分发挥乡村干部、群测群防员、社会工作者、志愿者和公众等各类人员防灾减灾积极性和主动性，建立政府主导、人人参与、人人尽责、共享平安的地质灾害防治新格局；探索构建市场主导、政策支持的地质灾害保险体系，引入社会力量有效应对灾害风险。充分利用“全国防灾减灾日”“国际减灾日”等时间节点，面向全社会开展多形式的防灾减灾知识科普宣传，针对各级行政管理人员、技术支撑人员、应急救援人

员及群测群防员等进行地质灾害防治知识培训，针对受威胁群众开展防灾应急演练。每年对地质灾害防治区内的县及乡镇地质灾害防治人员进行不少于1次的地质灾害防治知识培训。重要地质灾害隐患点每年至少开展1次应急演练，其它地质灾害隐患点有计划地组织开展应急演练。2020个县（市、区）每年至少组织开展1次应急演练。

以防范化解地质灾害风险为主题，加强地质灾害防治科普基地建设和典型案例宣传，编制地质灾害防治科普教材，构建适应不同对象和不同需求的地质灾害防治科普产品体系，打造科普活动品牌和科普团队，助力全社会提升地质灾害避险撤离、自救互救能力。

（六）强化数据信息建设，提升智慧防灾水平

1. 动态完善地质灾害风险数据库

以现有历史地质灾害调查数据库、实景三维中国建设成果和地质灾害综合遥感识别、风险调查、精细调查、风险区划、实时监测、预警处置、综合治理等数据为基础，依托国家数据共享交换平台，建强国家、省、市、县四级统一的地质灾害风险数据库，系统记录地质灾害隐患点和风险区空间分布、发育特征、坡体变形、承灾体、动态风险、灾情险情处置、工程治理、避险搬迁等信息。深入推进国家、省、市、县四级地质灾害风险数据库互联互通和动态更新，与同级国土空间规划‘一张图’系统做好衔接，推动跨行业、跨部门、跨领域地质灾害防治大数据共享，建实全国地质灾害数据中心。

2. 提升地质灾害风险防控信息服务水平

利用人工智能、移动互联、区块链、大数据等技术，动态汇聚海量地质灾害风险数据和基础地质信息，及时、科学监管地质灾害隐患点，加强地质灾害风险动态精准评价，有效、精准管控地质灾害风险区，健全完善各级地质灾害综合信息平台。健全完善地质灾害监测预警模型，增强模型在不同地区的适用性，实现智能分析、科学预测，提高预警精度和准确度，推动调查监测成果在全国国土空间规划实施监测网络中的应用；提高地质

灾害防治项目管理的规范化、标准化和信息化水平，实现对项目建档立卡和全过程监管；加强大数据挖掘分析和应用提升，强化地质灾害防治成果在防灾减灾和国土空间规划中的应用，精准服务政府管理、科学研究和社会公众。

五、保障措施

（一）组织保障

地方各级党委政府要加强对地质灾害防治工作的统一领导，建立完善逐级负责制，确保防治责任和措施层层落到实处。各部门严格落实职责分工，各司其职、加强沟通、高效联动。

（二）制度保障

修订《地质灾害防治条例》，制定完善包含地质灾害风险管控等方面的防治管理政策、法律法规和配套规章制度，以及地方性法规和技术标准体系。

（三）资金保障

各工作任务承担部门在现有相关规划和已部署开展任务的基础上，科学测算工作任务和资金需求，充分征求中央相关部门和地方相关省份意见，研究确定各项工作任务经费需求规模。要统筹多层次、多领域资金投入，建立市场化、多元化地质灾害工程治理和避险搬迁资金投入机制。严格区分政府和市场的职责边界，按照谁引发、谁治理的原则，充分落实责任人的治理责任。科学合理划分中央与地方财政事权和支出责任，中央财政主要通过现有资金渠道积极支持，发挥财税、土地、生态等各项政策措施的合力；地方财政要将地质灾害防治经费纳入财政预算，根据当地社会经济发展水平和地质灾害防治工作需要合理安排地质灾害防治资金，统筹做好资金保障工作。针对农村切坡建房引发地质灾害隐患，协同相关职能部门，积极制定补助、奖励政策，完善相关技术标准，鼓励居民自主消除已建房屋建设过程中所引发的地质灾害隐患。鼓励社会资金参与，坚持共享发展理念，探索“政府主导、政策扶持，行业为主、社会参与，开发式治理、市场化运作”的地质灾害防治新模式。

（四）科技保障

加强地质灾害科研机构、高等院校与地质灾害防治一线单位的合作，强化科学研究。搭建不同层次的地质灾害防治研究合作交流平台，推进地质灾害防治重点实验室、地质灾害野外观测研究站、地质灾害超算分析与早期识别中心、地质灾害风险管控与监测预警等科研创新平台建设。基于科研创新平台，强化地质灾害防治装备、技术方法的研究，依靠科技创新，应用科技手段，提升地质灾害技防能力和智慧防灾能力。充分发挥行业协会作用，加强从业人员专业素质和能力培训，大力推进地质灾害防治工程行业诚信体系建设。

（五）机制保障

坚持“分级负责，属地管理”的原则，大力推进地质灾害防治体制机制建设，形成“中央统筹、地方主导，部门配合、社会参与”的地质灾害防治工作格局。

地方各级党委和政府要提高政治站位，以对人民极端负责的精神，加强统一领导和督导，压实领导责任，落实“促一方发展、保一方平安”的政治责任，妥善处理好发展与安全的关系，逐步将地质灾害防治工作纳入地方绩效考核体系。自然资源、住房城乡建设、交通运输、水利、应急管理、气象、农业农村等相关部门要按照职责分工，加强协调配合。统筹协调好地质灾害防治与国土空间规划、用途管制、生态保护修复、重大工程建设、山区城镇建设、农村建房等工作，加强地面沉降区域联防联控，加强源头管控与综合治理。督促相关行业的企业和施工单位按照“谁建设、谁负责，谁引发、谁治理”的原则，严格落实防灾主体责任。

附表 1

“十四五”全国地质灾害重点防治分区说明表

序号	名称	面积（万平方千米）	重点防治分区说明	防治重点
一、突发性地质灾害重点防治区（总面积 288.2 万平方千米）				
1	西藏喜马拉雅重点地区高位远程滑坡及链式灾害重点防治区	12	该区域主要位于西藏东南部，毗邻云贵高原西部，平均海拔超过 3500 米，地形地貌极为复杂，峡谷高差悬殊，河流下切作用强烈，地表破碎，为高位远程滑坡和链式灾害发育提供有利条件。区内地壳隆升、冰川侵蚀及第四纪断裂活动等新构造运动对地质灾害发育控制作用明显。受青藏高原暖湿化影响，冰湖溃决形成洪水进而引发泥石流灾害链风险上升	该区是川藏铁路、雅鲁藏布江下游水电开发、中尼交通网络、边境口岸等国家重大工程建设区，防治重点是高位远程滑坡及其导致的堵江溃决链式灾害
2	滇西川西藏东横断山区高山峡谷滑坡崩塌泥石流重点防治区	44	该区域主要位于云南西部、四川西部及西藏东部，区内巨型、特大型和大型规模的地质灾害数量相对较多，高位远程地质灾害及灾害链发育；区内平均海拔 3000 米，金沙江、澜沧江、怒江及其主要支流等深切成谷，地形切割强烈；区内活动断裂密集，碎屑岩、碳酸岩、变质岩发育，以干热河谷气候为主。降雨、冻融、地震和不合理人为活动是主要引发因素，活动构造对地质灾害的发育具有明显的控制性作用	该区防治重点是威胁人口聚集区、能源开采、大型水利水电工程的高位远程滑坡、崩塌、泥石流及链式灾害

续表

序号	名称	面积（万平方千米）	重点防治分区说明	防治重点
3	川南滇东北黔东黔西高山峡谷区滑坡崩塌泥石流重点防治区	35.5	该区域主要位于四川南部、云南东北部、贵州东西部，涉及大渡河中下游、普渡河流域、鲜水河流域、雅砻江下游及黑水河上游、小江流域以及龙门山断裂带地区，是全国大型水利水电工程和川藏铁路等重大基础设施建设区。该区地质构造复杂，地形切割强烈，地震活动强烈，岩土体破碎。区内巨型、特大型和大型规模的地质灾害数量相对较多，高位远程地质灾害发育。降雨、冻融、地震和不合理人为活动是主要引发因素	该区防治重点是分布于水电工程区、城镇、人口聚集区、交通干线两侧的滑坡、崩塌、泥石流灾害
4	桂北黔南粤西北中山区岩溶崩塌地面塌陷重点防治区	29.2	该区域主要位于广西北部、贵州南部和广东西北部，范围包括南宁、柳州、桂林、百色、河池等地质灾害中、高易发地区，区内地质灾害隐患点密度是全国平均数的 1.6 倍。该区地处云贵高原和东南沿海丘陵过渡带，地形以峰林平原、丘陵盆地为主，地形切割较强，地质构造复杂，岩体风化严重，岩溶发育强烈，属热带季风气候，降水量丰富，大规模人类工程活动强烈	该区防治重点是能源基地、大型水利水电工程区、交通干线两侧的崩塌和地面塌陷灾害
5	湘东南赣西中低山区群发性滑坡崩塌重点防治区	23.7	该区域主要位于湖南东南部和江西西部以及广西北部部分地区，区内地质灾害隐患点分布密度是全国平均数的 3.8 倍，规模以中小型为主。该区地处云贵高原向江南丘陵过渡地带，地貌形态多样，以构造侵蚀中低山为主，变质岩发育，岩土体风化程度较高，降雨丰沛。降雨和不合理人为活动是主要引发因素	该区防治重点是降雨引发和人为切坡所导致的群发性滑坡、崩塌灾害

续表

序号	名称	面积（万平方千米）	重点防治分区说明	防治重点
6	浙闽粤赣皖低山丘陵区台风暴雨型滑坡崩塌重点防治区	37.1	该区域主要位于我国东南沿海地区，包括浙江大部、福建大部、广东东北部、江西东部以及安徽东南部部分地区，区内地质灾害隐患点分布密度是全国平均数的 4.2 倍，规模以中小型为主。该区以构造侵蚀低中山为主，火成岩分布广泛，风化程度较高。降雨是主要引发因素，受台风暴雨、梅雨影响，区内年平均降水量在 1800 ~ 2200 毫米之间	该区防治重点是降雨引发和人为切坡所导致的群发性滑坡、崩塌灾害
7	长江中上游三峡库区滑坡崩塌重点防治区	15.6	该区域主要位于重庆东北部以及湖北西南部部分地区，区内地质灾害隐患点分布密度是全国平均数的 3.3 倍。区内以中山地貌为主，坡陡谷深，主要受控于北东向褶皱带和黄陵背斜为主的近南北向构造影响，区内地质灾害具有带状和相对集中于城镇等人口聚集区分布的特点。库水位周期性变化、水位消落区岩体劣化、降雨等是区内地质灾害主要引发因素	该区防治重点是水库消落带的滑坡、崩塌灾害及库岸失稳
8	陇南陕南川北秦岭大巴山区滑坡崩塌泥石流重点防治区	28.5	该区域主要位于甘肃南部、陕西南部和四川北部、汶川震区以及丹江口水库区，区内地质灾害隐患点分布密度是全国平均数的 3.1 倍，巨型、特大型和大型规模的地质灾害数量相对较多，地质灾害具有群发性和链生性特点。该区地震活跃，活动断裂发育密集，山高谷深，地形起伏大，岩土体破碎，斜坡稳定性差，人类开发扰动强烈。降雨、冻融、地震和不合理人为活动是主要引发因素	该区防治重点是广泛分布于断裂、河谷和交通干线两侧丹江口水库区以及城镇和农村地区周边的滑坡、崩塌、泥石流灾害

续表

序号	名称	面积（万平方千米）	重点防治分区说明	防治重点
9	青东陇中陕北晋西北黄土滑坡崩塌泥石流重点防治区	20	该区域主要位于青海东部部分地区、甘肃中部、陕西北部部分地区、山西西北部以及宁夏南部固原地区，是黄河流域生态保护和高质量发展战略实施重要区域，该区总体位于黄土高原西南部，属黄土丘陵地貌，黄土覆盖层厚，沟谷切割深，新构造运动活跃。降雨和不合理人为工程活动是区内黄土滑坡、崩塌的主要引发因素	该区防治工作重点是城市周边、交通干线两侧和人口聚集区的黄土滑坡、崩塌、泥石流，以及采矿引发的地面塌陷灾害
10	新疆南部滑坡崩塌泥石流重点防治区	20.3	该区域主要位于新疆南部地区，主要包括阿图什市、喀什市、阿克陶县、乌恰县、莎车县、叶城县、塔什库尔干塔吉克自治县、墨玉县、策勒县、于田县、民丰县、且末县等部分地区。区内以山地为主，地形起伏不平。降雨是区内地质灾害的主要引发因素	该区防治重点是城镇、人口密集区和重要工程项目区的滑坡、崩塌、泥石流灾害
11	新疆伊犁地区滑坡泥石流重点防治区	16	该区域主要位于新疆西部，是“一带一路”国内段的重要部分，包括伊宁市和伊宁、霍城、特克斯、巩留、尼勒克等县。区内以山地为主，近年来构造活动呈上升趋势，导致地震引发地质灾害风险上升。降雨、冻融、地震和不合理人为活动是主要引发因素	该区防治重点是公路和转场牧道两侧以及农牧民聚集区的滑坡、泥石流灾害
12	辽东低山丘陵区泥石流重点防治区	6.3	该区域主要位于辽宁省东部，主要为海拔 600 ~ 900 米的低山丘陵区，区内地质构造复杂，郯庐断裂带穿过该区域；变质岩风化程度较高，岩体断裂破碎。该区地处暖温带大陆性季风湿润区，降雨丰沛。降雨和不合理人为活动是主要引发因素	该区防治重点是降雨引发的泥石流灾害

续表

序号	名称	面积（万平方千米）	重点防治分区说明	防治重点
二、缓变性地质灾害重点防治区（总面积 27.1 万平方千米）				
13	华北平原地面沉降重点防治区	12.7	该区域主要位于我国华北地区，包括北京、天津、河北、山东等地，涉及京津冀协同发展重要战略区，该区地势平坦，发育巨厚的粘性土和砂性土	该区防治重点是北京、天津、雄安新区、沧州、邢台和德州等重点区域地面沉降与地裂缝灾害
14	长江三角洲地面沉降重点防治区	7.9	该区域主要包括安徽的阜阳、亳州、淮北、上海、江苏南部及沿海地区、浙江北部及东南沿海地区等，是长江三角洲区域一体化发展区，区内主要分布细、粉砂及淤泥质粘土、砂质粘土等，承压含水层分布广泛	该区防治重点是淮北平原、上海、江苏苏锡常及沿海地区、浙江杭嘉湖等主要城市和海岸带等地区及铁路沿线的地面沉降和地裂缝灾害
15	汾渭盆地地面沉降地裂缝重点防治区	5.1	该区域主要位于陕西关中盆地和山西汾河谷地，自六盘山南段至宝鸡、沿渭河向东经西安到风陵渡、转向北东，再沿汾河经临汾、太原到大同	该区防治重点是西安、太原、大同、临汾和运城等地区的地裂缝和地面沉降灾害
16	珠江三角洲地面塌陷地面沉降重点防治区	1.4	该区域主要包括珠江三角洲的广州、深圳、江门、惠州等市区和四会、高要等县（市），是粤港澳大湾区建设的重要区域。该区地势低洼，分布淤泥类软土和砂性土，深部普遍存在承压含水层	该区防治重点是深圳、广州等地的地面塌陷和珠江三角洲、韩江三角洲和雷州半岛的地面沉降灾害

地质灾害排查规范[1]

（DZ/T 0284—2015）

1 范围

本标准规定了地质灾害排查的任务、工作内容、工作方法和技术要求等。

本标准适用于滑坡、崩塌、泥石流、不稳定斜坡、地面塌陷、地裂缝、地面沉降等类型地质灾害的排查。

针对地震等开展的应急性地质灾害排查可参照本规范执行。

2 规范性引用文件

下列文件对于本文件的应用是必不可少的。凡是注日期的引用文件，仅所注日期的版本适用于本文件。凡是不注日期的引用文件，其最新版本（包括所有的修改单）适用于本文件。

DZ/T 0218 滑坡防治工程勘查规范

DZ/T 0220 泥石流灾害防治工程勘查规范

DZ/T 0261 滑坡崩塌泥石流灾害调查规范（1∶50000）

3 术语和定义

下列术语和定义适用于本文件。

地质灾害　由不良地质作用引起的对人类生命财产和生态环境造成损失的地质现象。本标准主要涉及滑坡、崩塌、泥石流、地面塌陷、地裂缝、地

[1] 行业标准，2015 年 6 月由国土资源部发布，自 2015 年 10 月 1 日起实施。

面沉降等灾种。

地质灾害隐患　潜在的地质灾害点或区段。通常指通过地面地质、地形和影响因素调查，初步推测可能发生地质灾害的地点或区段。

复合型地质灾害　具有两种或两种以上灾种组合特征的地质灾害。

地质灾害链　具有灾种转化特征的地质灾害。包括山体滑坡灾害—碎屑流灾害—堰塞湖堵江灾害—堰塞湖溃决灾害等类型。

地质灾害核查　根据地质要素对比等方法，对地质灾害隐患点现场评估验证的工作。

地质灾害排查　对已知地质灾害隐患点进行逐一核查，和对可能发生地质灾害的地区进行地面调查评估的工作。

4　总则

4.1　任务

1）全面核查已有地质灾害隐患点及其威胁对象的变化情况，进行稳定性和危险性评估，实地调查新发现的地质灾害隐患点，初步查明灾害特征、成因等，评价其稳定性、危害性和发展趋势，划定地质灾害危险区，建立或更新地质灾害数据库，提出地质灾害防治对策和工作建议。

2）对出现临灾征兆、可能造成人员伤亡或者重大财产损失的区域和地段进行应急调查，查明地质灾害发生的原因、影响范围等情况，并上报当地主管部门，提出应急处置措施或建议，协助地方政府进行应急处置，减轻和控制地质灾害灾情。

4.2　基本要求

1）应遵循“以人为本”和“预防为主”的原则，重点围绕地质灾害可能造成损失的地段开展。

2）应充分利用已有地质灾害调查和研究成果，结合相关部门、群众报灾线索，确定排查对象。排查对象为可能受崩塌、滑坡、泥石流、不稳定斜坡、地面塌陷、地裂缝、地面沉降等威胁或危害的隐患。可根据实际情况增加其他地质灾害灾种的排查。

3）应采用对已有地质灾害隐患点核查和对新增地质灾害隐患点调查相结合的“逐点排查”方式进行，重点排查和一般排查相结合。

4）应加强对复合型地质灾害或地质灾害链的认识和评估，尤其应评估地质灾害隐患发生高速远程滑坡、碎屑流及入江（河）等灾害链发生的可能性。

5）对受地质灾害威胁的城镇、人口聚居区、风景名胜旅游区、工矿企业和水利水电工程临时安置区、重点文物保护区等应进行重点排查。

4.3　已有地质灾害核查内容与要求

1）应全面收集、分析已有的各种相关调查成果和资料，实地核查已有地质灾害。核查内容主要包括：

- 已有地质灾害调查资料的准确性和完整性；
- 地质灾害体新近的变化情况及演化趋势预测；
- 危险区范围变化情况；
- 威胁对象变化情况；
- 影响因素的变化情况（自然因素和人为因素）。

2）针对变形加剧的地质灾害体，根据其变化，重新评估危险区范围及灾害程度；针对地质灾害危险区范围和威胁对象的变化，判断地质灾害体的稳定性、发展趋势及危害程度。

3）补充完善已有地质灾害调查资料，更新已有地质灾害数据库，提出地质灾害防治对策建议。

4.4　新增地质灾害调查内容与要求

1）根据群众报灾或地质灾害主管部门提供的信息，应实地对新增地质灾害隐患点进行调查确认。新增崩塌、滑坡、泥石流、不稳定斜坡灾害调查应按 DZ/T 0261 相关要求进行，逐一填写崩塌、滑坡、泥石流、不稳定斜坡调查表；新增地面塌陷、地裂缝、地面沉降调查按本标准 10.2、11.2 和 12.2 相关要求开展，逐一填写地面塌陷野外调查表（附 A.1）、地裂缝野外调查表

（附 A.2）和地面沉降野外调查表（附 A.3）。

2）对新增的地质灾害隐患点实地调查，宜采用野外踏勘及实地测绘相结合的手段，初步查明地质灾害类型、成因、诱发因素、特征和危害等，对其稳定性、危险性和危害性进行评价，划定危险区，提出搬迁避让、群测群防、工程治理等防治建议。

4.5　地质灾害排查信息处理

1）在地质灾害排查过程中发现稳定性差、危险性大的地质灾害隐患点，应及时向当地主管部门报告，提出应急处置建议，协助当地政府和有关部门尽快划定危险区域。

2）对经核查确认因灾害已发生而不存在致灾体，或因搬迁避让而没有威胁对象，或因已经采取工程治理等措施灾害已经确认为稳定的地质灾害隐患点，可向原批准机关提出销号建议。

5　排查工作方法

5.1　基本排查方法

1）地质灾害排查工作宜以资料收集和地面调查相结合的方法开展。

2）对重大地质灾害隐患可利用无人机航拍或高分辨率卫星遥感影像进行调查。

5.2　资料收集

1）充分收集地质灾害调查、监测、研究，及其他相关勘察和防治等资料。

2）收集地质灾害形成条件与诱发因素资料，包括气象、水文、地形地貌、地层与构造、地震、水文地质、工程地质等。

3）收集有关社会、经济资料，包括国民经济建设规划、生态环境建设规划，城镇、水利水电、交通、矿山等工农业建设工程分布状况和近期规划即将开展的工程活动相关资料。

4）收集各级政府和有关部门制定的地质灾害防治法规和规划、地质灾害防灾预案、地质灾害信息系统及数据库等相关减灾防灾资料。

5）收集年度群众报灾数据、遥感数据等其他资料。

5.3 地面调查

1）充分利用已完成的高分辨率遥感、航空影像或地质灾害调查基础图件，采用比例尺 1：50000 或更高精度地形图作为野外调查工作手图。

2）应根据已有地质灾害调查成果并结合地方政府提供的新增灾害信息，逐点进行排查。

3）对危及县城、集镇、矿山、重要公共基础设施、主要居民点的地质灾害隐患点和人类工程活动强烈的公路、铁路、水库、输油（气）管线等应进行重点排查；对于小型规模，且危害小的地质灾害隐患点可做一般排查。

5.4 遥感解译或无人机航拍

1）对存在较大安全隐患但人员实地调查困难的地质灾害隐患点，可采用无人机航拍或高分辨率遥感解译方法，初步掌握地质灾害隐患点的现状、特征等，并预测发展趋势。

2）针对突发性地质灾害，可采用无人机航拍或高分辨率遥感解译快速查明地质灾害发生情况和成灾情况。

6 滑坡灾害排查

6.1 已有滑坡灾害点核查

1）核查滑坡的影响范围和威胁对象，包括危险区内人口的迁移和建筑工程等的增减，分析人类工程活动对滑坡的影响。

2）重点核查滑坡灾害是否发生变化及其变化程度，包括滑坡体上地表裂缝、滑坡位移和建筑变形等宏观变形迹象。

3）分析滑坡发生变化的原因，判断滑坡的稳定性、发展趋势和险情，更新危险性区划、滑坡野外调查表和数据库等，提出滑坡防治建议。

6.2　新增滑坡灾害点调查

1）调查范围应包括滑坡分布区及可能造成危害影响的地区，调查内容主要包括滑坡成因调查和滑坡危害调查，按 DZ/T 0261 要求填写滑坡野外调查表。

2）对于滑坡区，应查明滑坡地理位置、地貌部位、斜坡形态、斜坡坡度、相对高度、坡体结构、植被等，了解滑坡区地层岩性、地质构造、水文和地震等基本环境地质条件。

3）对于滑坡体，应查明滑坡的规模与形态特征、后（侧）壁和前缘等边界特征、裂缝和微地貌形态等表部特征、岩体结构和岩性组成等内部特征以及发生发展的变形活动特征等。

4）对于滑坡成因，应通过自然因素、人为因素影响的比较和分析，初步查明导致滑坡发生或影响其稳定性的主要诱发因素。

5）对于滑坡危害，调查访问滑坡发生发展历史、人员伤亡以及建（构）筑物、田地、工程、环境等破坏而导致的经济损失情况，目前的威胁对象，划定滑坡危险区。

6）按照 DZ/T 0218 的规定，采用滑坡体的物质组成、结构形式、滑坡体厚度、运移形式、成因、稳定程度和规模等因素进行分类，对滑坡的发育阶段、稳定状态和发展趋势进行初步评价和判断。

7）根据滑坡体大小以及滑坡体滑动的距离初步划定滑坡危险区，个别情况下，危害范围还包括滑坡活动造成溃坝、堵江等引起的灾害链的危害区。

7　崩塌灾害排查

7.1　已有崩塌灾害点核查

1）包括危岩体和崩塌堆积体核查。

2）访问崩塌近期发生的次数、发生的时间、诱发因素、崩塌规模、崩落范围、灾情等，核查崩塌堆积体的厚度、形态、范围和体积等的变化情况。

3）重点核查危岩体的变形变化情况，包括裂缝长度、宽度、深度以及临空面变化情况等。

4）核查崩塌危险区内威胁对象的变化情况、人类工程活动情况及其对危岩体或崩积体稳定性的影响等，定性判断危岩体和崩塌堆积体的稳定性、发展趋势。

5）分析判断危岩体或崩积体失稳后崩落的路径和距离，划定危险区。

6）更新已有崩塌灾害资料信息，包括已有崩塌野外调查表和数据库，提出防治建议。

7.2　新增崩塌灾害点调查

1）包括已发生崩塌点和未发生崩塌点调查。对已发生的崩塌点应对崩塌体和危岩同时开展调查，对未发生的崩塌点应对危岩体位置、形态、分布高程、规模、范围和稳定性开展调查。

2）初步调查危岩体及周边的地质构造、地层岩性、地形地貌、斜坡结构类型和水文地质条件以及构造结构面、原生结构面和风化卸荷结构面的产状、形态、规模、性质、密度及其相互切割关系。

3）访问并核实危岩体变形发育史，包括危岩体形成的时间、崩塌发生次数、发生时间、崩塌前兆特征、崩塌方向、崩塌运动距离、堆积场所、崩塌规模、变形、已经造成的损失。

4）确定崩塌发生的影响因素，包括降水、河流冲刷、地面及地下开挖、采掘等因素的强度、周期以及它们对危岩体变形破坏的影响。

5）初步判断危岩体发生崩塌的可能性、规模及其运动的最大距离、路径和危害范围，应重视气垫效应和折射回弹效应的可能性及由此造成的特殊运动特征与危害。

6）调查崩塌堆积体的分布范围、高程、形态、物质组成、分选情况、块度、结构、密实度和植被生长情况等，分析崩塌堆积体可能失稳的因素，判断堆积体的稳定性和发展趋势。

7）根据危岩崩落的距离和危岩带宽度初步划定崩塌隐患点的危险区，

查明威胁对象，进行险情的分析和预测，提出专业监测、群测群防、搬迁避让或工程治理等方面的防治对策。

8）按 DZ/T 0261 要求填写崩塌野外调查表。

8　泥石流灾害排查

8.1　已有泥石流灾害点核查

1）核查新近泥石流的发生情况，包括泥石流发生的次数及对应的时间、规模、危害和灾情等。

2）核查泥石流危险区（包括流域内部和泥石流沟沟口）及危险区内威胁对象的变化情况。

3）核查流域内人类工程活动（修路、采矿、水电建设等）及植被的变化情况（植被类型和覆盖率变化等），分析人类工程活动和植被变化等因素对泥石流的影响。

4）核查流域内泥石流松散物源量的变化情况，包括流域内新增滑坡、崩塌和人工弃渣（建筑垃圾、生活垃圾等）等不良现象的发育数量、规模、稳定性及分布情况，估算泥石流的物源量，分析判断泥石流的发展趋势。

5）核查泥石流沟沟床的堵塞程度，查明沟床严重堵塞段及堵塞体的类型和特征等。

6）划定泥石流影响区和危险区，评估泥石流灾害的险情。

7）更新已有泥石流灾害资料信息，包括已有泥石流野外调查表和数据库等，提出防治建议。

8.2　新增泥石流灾害点调查

1）调查内容包括流域调查、成因调查、特征调查和危害调查等，并按 DZ/T 0261 要求填写泥石流野外调查表。

2）调查范围应包括沟谷至分水岭的全部地段和可能受泥石流影响的地段。

3）泥石流沟流域调查。

• 调查形成区的地势、沟谷发育程度、冲沟切割深度和密度、植被覆盖情况、斜坡稳定性及水土流失情况等。

• 调查流通区的长度、坡度、形态、跌水、急弯、卡口情况以及冲、淤和堵塞情况等，根据表1对泥石流沟堵塞程度进行评价。

表1　泥石流沟堵塞程度判别表

堵塞程度	特征
严重	沟槽弯曲，河段宽窄不均，卡口、陡坎多。大部分支沟交汇角度大。形成区集中，沟槽堵塞严重，阵流间隔时间长
中等	沟槽较顺直，河段宽窄较均匀，陡坎、卡口不多。主支沟交角多数小于60°。形成区不太集中，河床堵塞情况一般
轻微	沟槽顺直均匀，主支沟交汇角小，基本无卡口，陡坎。形成区分散，阵流间隔时间短而少

• 调查堆积区面积、形态、体积、叠置或切割情况，堆积物的物质组成和颗粒级配等，初步判断堆积扇的发展趋势等。

• 确定泥石流沟流域在地质构造图上的位置，重点调查研究新构造对地形地貌、松散固体物质形成和分布的控制作用，阐明与泥石流活动的关系，分析研究地震可能对泥石流的触发作用。

• 调查流域内的人类工程活动，主要调查人类工程活动所产生的固体废弃物（矿山尾矿、工程弃渣、弃土、垃圾）的堆放位置、堆放形式和体积规模等。

• 调查流域内植被分布和土体利用情况，圈定流域内植被严重破坏区、陡坡耕地区等。

4）泥石流成因调查。

• 基本查明泥石流的物源条件，包括物源来源、类型、分布、储量、特征和补给方式等。

• 基本查明泥石流发生的地形地貌条件，包括流域面积、主沟长度、沟床比降、山坡坡度和流域形态等，确定流域地貌发育演化历史及泥石流活动的发育阶段。

• 调查泥石流形成的水动力条件，包括诱发泥石流的暴雨、冰雪融水、水体溃决（水库、冰湖、堰塞湖）等因素，调查流域内降水、山洪的变化特征，尤其是最大暴雨强度及年降水量、暴雨中心位置及山洪引发泥石流的地段。

5）泥石流特征调查。

• 调查泥石流活动历史，包括历次泥石流发生的时间、规模、泥石流泥位标高，确定泥石流发生的规模和频率。

• 调查泥石流的运动过程，测量了解泥石流的动力特征（流速、流量、弯道超高、冲击力等），估算泥石流的一次最大堆积量。

• 根据泥石流水源类型、地貌部位、流域形态、物质组成、固体物质提供方式、流体性质、发育阶段、暴发频率和堆积物体积等分类指标，按 DZ/T 0261 要求对泥石流进行综合分类。

• 采用泥石流沟严重程度数量化表（参见附 B.1），根据附 B.2 对泥石流沟易发程度进行评判。

6）泥石流危害调查。

• 调查了解历次泥石流残留在沟道中的各种痕迹，采用泥位调查法划定泥石流危险区（参见表 2）。泥位调查法难以确定危险区范围时，可按设防的降雨频率雨量，计算泥石流流量和泥位线，并划定危险区范围。

• 调查泥石流危害的对象、危害形式（淤埋和漫流、冲刷和磨蚀、撞击和爬高、堵塞或挤压河道）以及灾情。

表 2 泥石流活动危险区域划分表

危险分区	判别特征
极危险区	1. 泥石流、洪水能直接到达的地区：历史最高泥位或水位线及泛滥线以下地区。 2. 河沟两岸已知的及预测可能发生崩塌、滑坡的地区：有变形迹象的崩塌、滑坡区域内和滑坡前缘可能到达的区域内。 3. 堆积扇挤压大河被堵塞后引发的大河上、下游可能受灾的地区

续表

危险分区	判别特征
危险区	1. 最高泥位或水位线以上加堵塞后的壅高水位以下的淹没区，溃坝后泥石流可能到达的地区。 2. 河沟两岸崩塌、滑坡后缘裂隙以上 50m ~ 100m 范围内，或按实地地形确定。 3. 大河因泥石流堵江后在极危险区以外的周边地区仍可能发生灾害的区域。
影响区	位于危险区与危险区相邻的地区，它不会直接与泥石流遭遇，但却有可能间接受到泥石流危害的牵连而发生某些级别灾害的地区
安全区	不具备泥石流发生的物源、地形和水文条件的地区，或位置明显高于泥石流泥位的地区

9　不稳定斜坡排查

9.1　已有不稳定斜坡核查

1）重点核查不稳定斜坡变形破坏迹象及其发展变化情况，包括地表变形（拉张裂缝、剪切裂缝、地面隆起或地面凹陷等）、建筑变形、树木歪斜或渗冒浑水等。

2）核查不稳定斜坡威胁对象的变化情况，包括危险区内人口的迁移、土地利用的变化。

3）核查不稳定斜坡影响范围内人类工程活动的开展情况及其与不稳定斜坡发展演化之间的响应。

4）分析不稳定斜坡变形破坏的主要影响因素（自然因素或人为因素），判断不稳定斜坡的稳定性和发展演化趋势，划定危险区，进行险情预测。

5）更新不稳定斜坡资料信息，包括野外调查表和数据库等，并提出防治建议。

9.2　新增不稳定斜坡调查

1）调查范围应包括可能对不稳定斜坡有影响或不稳定斜坡能够危及的

所有地段，判定对县城、村镇、集中安置点、矿山、重要公共基础设施等构成威胁的斜坡是否为不稳定斜坡。

2）调查内容主要包括潜在不稳定斜坡的形态，软弱层和结构面的产状、性质以及斜坡变形特征（是否出现过小规模崩塌、滑塌，后缘是否出现拉张裂缝，前缘有鼓胀变形、裂隙与软弱结构面、地下水溢出或库水位变动带等）。

3）初步查明不稳定斜坡形成的环境地质条件和特征，了解不稳定斜坡发育的主要诱发因素，特别是斜坡上部暴雨、地表水渗入或地下水对斜坡的影响以及人为工程活动对斜坡的破坏情况等。

4）通过类比方法评价地质环境条件相似地区不稳定斜坡发生的可能性。按照表 3 的标准，初步评判不稳定斜坡的稳定性，分析预测不稳定斜坡的演化趋势（崩塌、滑坡、坡面泥石流等），尤其注意高位、远程滑坡的可能性。

5）划定不稳定斜坡的影响区和危险区，调查不稳定斜坡的危害对象，进行险情预测。

6）按 DZ/T 0261 要求填写不稳定斜坡野外调查表，更新数据库，提出专业监测、群测群防、搬迁避让和工程治理等方面的防治建议。

表 3　斜坡稳定性野外判别依据

斜坡要素	稳定性差	稳定性较差	稳定性好
坡脚	临空，坡度较陡且常处于地表径流的冲刷之下，有发展趋势，并有季节性泉水出露，岩土潮湿、饱水	临空，有间断季节性地表径流流经，岩土体较湿	斜坡较缓，临空高差小，无地表径流流经和继续变形的迹象，岩土体干燥
坡体	坡面上有多条新发展的裂缝，其上建筑物、植被有新的变形迹象，裂隙发育或存在易滑软弱结构面	坡面上局部有小的裂缝，其上建筑物、植被无新的变形迹象，裂隙较发育或存在软弱结构面	坡面上无裂缝发展，其上建筑物、植被没有新的变形迹象，裂隙不发育，不存在软弱结构面

续表

斜坡要素	稳定性差	稳定性较差	稳定性好
坡肩	可见裂缝或明显位移迹象，有积水或存在积水地形	有小裂缝，无明显变形迹象，存在积水地形	无位移迹象，无积水，也不存在积水地形
岩层	中等倾角顺向坡，前缘临空。反向层状碎裂结构岩体	碎裂岩体结构，软硬岩层相间。斜倾视向变形岩体	逆向和平缓岩层，层状块体结构
地下水	裂隙水和岩溶水发育。具多层含水层	裂隙发育，地下水排泄条件好	隔水性好，无富水地层

10　地面塌陷排查

10.1　已有地面塌陷核查

1）核查地面塌陷的变化情况，包括塌陷有无变深、塌陷坑壁有无坍塌现象发生、塌陷坑周围有无新的裂缝产生等。

2）核查地面塌陷的影响范围和威胁对象，分析地面塌陷的发展趋势。

3）更新完善地面塌陷调查资料，包括野外调查表和数据库等，提出防治对策建议。

10.2　新增地面塌陷调查

1）调查对象包括岩溶地面塌陷和采空地面塌陷。

2）针对岩溶区，应基本掌握排查工作区内岩溶发育、分布规律及岩溶水环境，基本查明岩溶塌陷的形态、分布、成因、土层厚度与下伏基岩岩溶特征等。重点调查岩溶塌陷易发地段，主要包括：

• 浅部岩溶发育强烈，可溶岩顶面起伏较大，并有洞口或裂口，岩溶洞穴空间无充填或充填物少，且充填物为砂、碎石和亚黏土的地段；

• 采、排地下水点附近和地下水位降落漏斗范围内（特别是地下水的主要补给方向上），以及地下水位变动明显的区域（浸没导致水位上升）；

● 构造断裂带，背、向斜轴部，可溶岩与非可溶岩的接触部位；

● 岩溶洼地、积水低地和池塘；

● 第四纪土层为砂、轻亚黏土、亚黏土，且厚度小于 10m 的地段。

3）针对采空区，排查内容主要包括：

● 采空区和巷道的具体位置、大小、埋藏深度、开采时间和回填塌落、充水等情况；

● 矿层的分布、层数、厚度、深度、埋藏特征和开采层的岩性、结构等，矿层开采的深度、厚度、时间、方法、顶板支撑及采空区的塌落、密实程度、空隙和积水等；

● 采空区附近抽、排水情况及对采空区稳定的影响；

● 地表变形特征和分布规律，包括地表陷坑、台阶、裂缝等的位置、形状、大小、深度、延伸方向及其与采空区、地质构造、开采边界、工作面推进方向等的关系；

● 地表移动盆地的特征，划分中间区、内边缘和外边缘区，确定地表移动和变形的特征值；

● 搜集建筑物变形及其处理措施等。

4）按表 4 标准确定地面塌陷的规模类型，查明塌陷对已有建筑物的破坏损失情况。

5）圈定可能发生地面塌陷的区段，按照附 A.1 填写地面塌陷野外调查表，提出防治建议。

表 4　塌陷规模类型划分标准

类型	塌陷变形面积 S/km^2
巨型	$S \geqslant 10$
特大型	$10>S \geqslant 1$
大型	$1.0>S \geqslant 0.1$
中型	$0.10>S \geqslant 0.01$
小型	$S<0.01$

11　地裂缝排查

11.1　已有地裂缝核查

1）核查地裂缝是否发生变化及其变化程度，如裂缝的长度、宽度和深度等。

2）核查地裂缝的影响范围、威胁对象和造成的损失，分析地裂缝的发展趋势。

3）更新完善地裂缝调查资料，包括野外调查表和数据库等，提出防治对策建议。

11.2　新增地裂缝调查

1）调查地裂缝形成的地质环境条件，包括地裂缝分布区的地形地貌、地层岩性、构造断裂等，分析地裂缝成因类型和引发因素（自然因素、人为因素）。

2）调查地裂缝的单体形态特征和群体分布特征及其分布范围，以及裂缝的产状要素等。

3）按表 5 标准确定地裂缝的规模类型，分析地裂缝分布规律及其发展趋势，调查地裂缝的威胁对象、危害和造成的损失。

4）按照附 A.2 填写地裂缝野外调查表，提出防治对策与建议。

表 5　塌陷规模类型划分标准

规模	裂缝长度 L/km
巨型	$L \geqslant 10$
特大型	$10>L \geqslant 5$
大型	$5>L \geqslant 1$
中型	$1.0>L \geqslant 0.5$
小型	$L<0.5$

12　地面沉降排查

12.1　已有地面沉降核查

1）核查沉降量、沉降范围是否发生变化及其变化程度。

2）核查地面沉降的威胁对象及其造成的损失，分析地面沉降的发展趋势。

3）更新完善地面沉降调查资料，包括野外调查表和数据库等，提出防治对策与建议。

12.2　新增地面沉降调查

1）初步查明地面沉降区环境地质条件，包括地形地貌、第四纪沉积物的岩性与厚度及工程地质特征、各含（隔）水层组的水文地质特征、新构造运动特征和地震、开采地下水与矿产等人类主要工程经济活动及强度等，分析地面沉降的成因类型和发展趋势。

2）初步查明地面沉降特征，包括地面沉降分布范围、形状、面积、沉降中心位置、累计沉降量、沉降速率、沉降范围扩展速率等。

3）对地面沉降范围内已有建筑物损坏情况进行调查，查明地面沉降的威胁对象、危害和造成的损失。

4）按照附 A.3 填写地面沉降野外调查表，提出防治对策与建议。

13　地质灾害排查成果编制

13.1　基本要求

1）地质灾害排查野外工作结束后，应及时编写和提交地质灾害排查成果报告。

2）排查成果应包括排查报告、图件、数据库以及其他附件。

3）排查成果编制应突出针对性和实用性。

4）排查成果以纸质和电子介质两种形式表示。

13.2 报告编写

1）地质灾害排查报告应充分利用已有资料，全面反映排查工作区已有地质灾害调查成果和本次地质灾害排查所取得的成果。

2）地质灾害排查报告应做到内容简明扼要、论据充分、结论明确，报告重点应突出排查前后地质灾害的动态变化，并提出有效的防治建议。

3）成果报告编写提纲可参照附 C.1 执行。

13.3 图件编制

1）成果图件应包括地质灾害分布图和地质灾害防治区划图。

2）图件比例尺不宜小于 1∶50000。

3）图件编制按附 C.2 执行。

13.4 数据库建设

1）地质灾害数据库应充分利用已有数据库并结合本次地质灾害排查成果对其更新和完善。

2）地质灾害数据库应按照 DZ/T 0261 的要求建立。

13.5 其他附件

1）主要包括野外调查表、照片集、视频、遥感影像等。

2）还包括重大地质灾害应急调查专题报告等。

附 A
（规范性附录）
地质灾害调查表

A.1　地面塌陷野外调查表

地面塌陷野外调查记录按表 A.1 填写。

表 A.1　地面塌陷野外调查表

<table>
<tr><td colspan="2">名称</td><td colspan="3"></td><td rowspan="3">地理位置</td><td colspan="7">省（市、区）　县（市、区）　乡　村　组</td></tr>
<tr><td colspan="2" rowspan="2">编号</td><td colspan="3">野外：</td><td rowspan="2">坐标</td><td colspan="2">经度：</td><td colspan="2">X：</td><td rowspan="2">标高</td><td rowspan="2"></td></tr>
<tr><td colspan="3">室内：</td><td colspan="2">纬度：</td><td colspan="2">Y：</td></tr>
<tr><td rowspan="4">发育特征</td><td rowspan="4">陷坑单体</td><td>坑号</td><td>形状</td><td>坑口规模
m²</td><td>深度
m</td><td>变形面积
m²</td><td>规模等级</td><td>长轴方向</td><td>充水水位深
m</td><td>水位变动
m</td><td>发生时间</td><td>发展变化</td></tr>
<tr><td>1</td><td></td><td></td><td></td><td></td><td></td><td></td><td></td><td></td><td></td><td>□停止
□尚在发展</td></tr>
<tr><td>2</td><td></td><td></td><td></td><td></td><td></td><td></td><td></td><td></td><td></td><td></td></tr>
<tr><td>3</td><td></td><td></td><td></td><td></td><td></td><td></td><td></td><td></td><td></td><td></td></tr>
</table>

续表

<table>
<tr><td>名称</td><td colspan="2"></td><td rowspan="3">地理位置</td><td colspan="8">省（市、区） 县（市、区） 乡 村 组</td></tr>
<tr><td rowspan="2">编号</td><td colspan="2">野外：</td><td rowspan="2">坐标</td><td colspan="3">经度：</td><td colspan="3">X：</td><td rowspan="2">标高</td></tr>
<tr><td colspan="2">室内：</td><td colspan="3">纬度：</td><td colspan="3">Y：</td></tr>
<tr><td rowspan="10">发育特征</td><td rowspan="5">陷坑群体</td><td rowspan="3">坑数</td><td colspan="9">分布、发育及发生发展情况</td></tr>
<tr><td>分布面积/km²</td><td>排列形式</td><td>长列方向</td><td colspan="2">坑口口径 /m</td><td colspan="2">坑的深度 /m</td></tr>
<tr><td></td><td></td><td></td><td>最小</td><td>最大</td><td>最小</td><td>最大</td></tr>
<tr><td rowspan="2"></td><td>始发时间</td><td>盛发开始时间</td><td>盛发截止时间</td><td>停止时间</td><td colspan="2">尚在发展</td></tr>
<tr><td></td><td></td><td></td><td></td><td colspan="2">□趋增强 □趋减弱</td></tr>
<tr><td rowspan="5">伴生裂缝</td><td rowspan="3">单缝特征</td><td>缝号</td><td>形态</td><td>延伸方向</td><td>倾向 / (°)</td><td>倾角 / (°)</td><td>长度 /m</td><td>宽度 /m</td><td>深度 /m</td><td>性质</td></tr>
<tr><td></td><td></td><td></td><td></td><td></td><td></td><td></td><td></td><td></td></tr>
<tr><td></td><td></td><td></td><td></td><td></td><td></td><td></td><td></td><td></td></tr>
<tr><td rowspan="2">群缝特征</td><td colspan="9">分布、发育及发生发展情况</td></tr>
<tr><td>缝数</td><td>分布面积/km²</td><td>间距/m</td><td>排列形式</td><td>产状</td><td>阶步指向</td><td colspan="3">缝的规模
长 宽 深
最小
最大</td></tr>
<tr><td colspan="3">塌陷区地貌特征</td><td colspan="9">□平原 □山间凹地 □河边阶地 □山坡 □山顶</td></tr>
</table>

续表

名称		地理位置	省（市、区） 县（市、区） 乡 村 组			
编号	野外：		坐标	经度：	X：	标高
	室内：			纬度：	Y：	

成因类型		□岩溶型塌陷	□土洞型塌陷	□冒顶型塌陷
形成条件	地质环境条件	塌陷地层时代及岩性： 岩层产状： 断裂情况： 溶洞发育情况： 岩层总体发育程度：□强 □弱 塌顶溶洞埋深： m	塌陷土层结构及土性 □单层： 土性： 厚度： m □双层： 上部土性： 厚度： m 下部土性： 厚度： m 下伏基岩时代及岩性：	塌陷岩土层时代及岩性： 土层时代： 土性： 厚度： m 岩层时代： 岩性： 厚度： m
		地下水位埋深： m	地下水位埋深： m	地下水位埋深： m
	诱发动力因素	□地震 □其他振动 □地面加载 □水库蓄水 □其他水位骤变 □溶蚀剥蚀	□深井抽水 □江河水位变化 □地面加载 □振动	□坑道挖掘顶板冒落 □洞室顶部破碎岩土体地下水流强烈下泄

灾害情况	已有灾害损失	潜在灾害预测	
		陷坑发展预测	潜在损害预测
	毁田 亩，毁房 间 阻断交通：□铁路、□公路、□通信 小时		
	地面水源枯竭： □河水流量减少 m^3/s，□断流 m^3/s □井泉水流量减少 m^3/s □水位降低 m，□干枯	新增陷坑 个 扩大陷区 km^2	毁田 亩[1] 毁房 间
	地下井巷突水： □水量增大 m^3/s，□成灾，损失： □淹井损失：	出现新陷区 处	断路 小时

[1] 1 亩≈666.7m^2

续表

<table>
<tr><td>名称</td><td colspan="2"></td><td>地理位置</td><td colspan="8">省（市、区）　县（市、区）　乡　村　组</td></tr>
<tr><td rowspan="2">编号</td><td colspan="2">野外：</td><td rowspan="2"></td><td rowspan="2">坐标</td><td colspan="2">经度：</td><td colspan="2">X：</td><td rowspan="2">标高</td><td rowspan="2" colspan="2"></td></tr>
<tr><td colspan="2">室内：</td><td colspan="2">纬度：</td><td colspan="2">Y：</td></tr>
<tr><td rowspan="4">灾害情况</td><td colspan="5">淹埋地面物资：</td><td colspan="3">面积　km^2</td><td colspan="3">其他</td></tr>
<tr><td colspan="2">死亡人口 / 人</td><td colspan="3">直接损失 / 万元</td><td colspan="3">威胁人口 / 人</td><td colspan="3">威胁财产 / 万元</td></tr>
<tr><td colspan="2"></td><td colspan="3"></td><td colspan="3"></td><td colspan="3"></td></tr>
<tr><td colspan="5">灾情等级：</td><td colspan="6">险情等级：</td></tr>
<tr><td rowspan="2">防治情况</td><td colspan="5">已采取的防治措施及效果</td><td colspan="6">今后防治建议</td></tr>
<tr><td colspan="5"></td><td colspan="6"></td></tr>
<tr><td colspan="2">隐患点</td><td colspan="4">□是　　□否</td><td colspan="2">防灾预案</td><td colspan="4">□有　　□无</td></tr>
<tr><td colspan="2">群测人员</td><td colspan="2"></td><td colspan="2">村长</td><td colspan="2"></td><td>电话</td><td colspan="3"></td></tr>
<tr><td rowspan="2">示意图</td><td colspan="11">平面图</td></tr>
<tr><td colspan="11">剖面图</td></tr>
</table>

调查负责人：　　填表人：　　审核人：　　填表日期：　　年　　月　　日

A.2　地裂缝野外调查表

地裂缝野外调查记录按表 A.2 填写。

表 A.2　地裂缝野外调查表

<table>
<tr><td colspan="2">名称</td><td colspan="2"></td><td rowspan="3">地理位置</td><td colspan="10">省（市、区）　　县（市、区）　　乡　　村　　组</td></tr>
<tr><td colspan="2">野外编号</td><td colspan="2"></td><td colspan="2" rowspan="2">坐标</td><td colspan="3">经度：</td><td colspan="3">X：</td><td rowspan="2">标高</td><td rowspan="2"></td></tr>
<tr><td colspan="2">室内编号</td><td colspan="2"></td><td colspan="3">纬度：</td><td colspan="3">Y：</td></tr>
<tr><td rowspan="12">发育特征</td><td rowspan="4">单缝特征</td><td>缝号</td><td>形态</td><td>延伸方向</td><td>倾向</td><td>倾角</td><td>长度
m</td><td>宽度
m</td><td>深度
m</td><td>规模等级</td><td>性质</td><td>移位</td><td>填充物</td><td>出现时间及活动性</td></tr>
<tr><td>1</td><td>□直线
□折线
□弧线</td><td></td><td></td><td></td><td></td><td></td><td></td><td></td><td>□拉张
□平移
□下错</td><td>方向：
距离：</td><td></td><td>年　月　日
□停止
□仍有活动</td></tr>
<tr><td>2</td><td></td><td></td><td></td><td></td><td></td><td></td><td></td><td></td><td></td><td></td><td></td><td></td></tr>
<tr><td>3</td><td></td><td></td><td></td><td></td><td></td><td></td><td></td><td></td><td></td><td></td><td></td><td></td></tr>
<tr><td rowspan="8">群缝特征</td><td>缝数</td><td colspan="7">分布、发育情况</td><td colspan="5">发生、发展情况</td></tr>
<tr><td rowspan="7"></td><td>面积 /km²</td><td colspan="2">排列形式</td><td colspan="4">缝的规模</td><td>始发时间</td><td>盛发时间</td><td colspan="2">停止时间</td><td>尚在发展</td></tr>
<tr><td></td><td colspan="2">□平行
产状：
阶步指向：</td><td colspan="4">长　m
至　m</td><td rowspan="6"></td><td rowspan="6"></td><td colspan="2" rowspan="6"></td><td rowspan="6">□趋增强
□趋减弱</td></tr>
<tr><td>间距 /m</td><td colspan="2">□斜列
产状：
阶步指向：</td><td colspan="4">宽　m
至　m</td></tr>
<tr><td rowspan="2"></td><td colspan="2">□环围
圆心位置：</td><td colspan="4">深　m
至　m</td></tr>
<tr><td colspan="2">□杂乱无章</td><td colspan="4"></td></tr>
<tr><td colspan="3">规模等级</td><td></td><td colspan="2">成因类型</td><td colspan="9">□地下开挖引起　□抽排地下水引起　□地震和构造活动引起　□胀缩土引起</td></tr>
</table>

续表

<table>
<tr><td colspan="2">名称</td><td></td><td rowspan="3">地理位置</td><td colspan="5">省（市、区）　县（市、区）　乡　村　组</td></tr>
<tr><td colspan="2">野外编号</td><td></td><td rowspan="2">坐标</td><td>经度：</td><td>X：</td><td rowspan="2">标高</td><td rowspan="2"></td></tr>
<tr><td colspan="2">室内编号·</td><td></td><td>纬度：</td><td>Y：</td></tr>
<tr><td rowspan="6">形成条件</td><td rowspan="3">地质环境条件</td><td colspan="7">裂缝区地貌特征：□山顶　□山坡　□山脚　□平原
裂缝与山脊、山坡、山脚或平原土坎的走向关系：□平行　□横交　□斜交</td></tr>
<tr><td>裂缝（受裂）巨岩土层
时代：
岩性：</td><td colspan="2">受裂土层时间：
土性：
下伏层时间：
岩性：</td><td colspan="2">受裂岩土层；
时代：
岩性：</td><td colspan="2">胀缩土特征：
膨胀性：
□强　□中　□弱
含水量：　%</td></tr>
<tr><td>裂缝区构造断裂
1 组：
走向　°，倾向　°，倾角　°
2 组：
走向　°，倾向　°，倾角　°</td><td colspan="2">岩层中的主要断裂
产状：

土层中有无新断裂及其产状：</td><td colspan="2">主要构造断裂产状
1 组：
走向　°，倾向　°，倾角　°
2 组：
走向　°，倾向　°，倾角　°</td><td colspan="2">有无新的构造断裂及其产状：</td></tr>
<tr><td rowspan="2">引发动力因素</td><td>□地下洞室开挖</td><td colspan="2">□抽排地下水</td><td colspan="2">□地震</td><td colspan="2">□水理作用</td></tr>
<tr><td>洞室埋深　m，
洞室规模　；
长　m，
宽　m，
高　m，</td><td colspan="2">□井、孔，□坑道，
井深或坑道埋深　m，
水位水量：
日出水量：</td><td colspan="2">烈度　，
发生时间：
年　月　日
□断层活动
活动断层的位置：</td><td colspan="2">□降雨，□水库水，
□地表水，□地下水
作用时间：
水质（pH）：</td></tr>
</table>

续表

<table>
<tr><td colspan="2">名称</td><td></td><td rowspan="3">地理位置</td><td colspan="6">省（市、区） 县（市、区） 乡 村 组</td></tr>
<tr><td colspan="2">野外编号</td><td></td><td rowspan="2">坐标</td><td>经度：</td><td>X：</td><td rowspan="2">标高</td><td rowspan="2" colspan="2"></td></tr>
<tr><td colspan="2">室内编号</td><td></td><td>纬度：</td><td>Y：</td></tr>
<tr><td>形成条件</td><td>引发动力因素</td><td>与裂缝区位置关系：
开挖时间：
开挖方式：
开挖强度：</td><td colspan="2">与裂缝区的位置关系：
抽排水时间
□始于 年 月 日
□止于 年 月 日
□仍在断续</td><td>产状：
长度
性质：
活动时间：
活动速率：
断距：</td><td colspan="3">□开挖卸荷作用
开挖时间：
方式：
深度：
□其他作用引起的干湿变化</td></tr>
<tr><td rowspan="6">灾害情况</td><td colspan="3">已有灾害损失</td><td colspan="5">潜在灾害预测</td></tr>
<tr><td colspan="3">毁房 间，阻断交通 处， 小时</td><td colspan="2">裂缝发展预测</td><td colspan="3">潜在损失预测</td></tr>
<tr><td colspan="2">死亡人口 / 人</td><td>直接损失 / 万元</td><td colspan="2" rowspan="3">□缝数增多
□原有裂缝加大
□活动强度增加</td><td colspan="3">毁房 间，阻断交通 处，</td></tr>
<tr><td colspan="2"></td><td></td><td>威胁人口 / 人</td><td colspan="2">威胁财产 / 万元</td></tr>
<tr><td colspan="2"></td><td></td><td></td><td colspan="2"></td></tr>
<tr><td colspan="2">灾情等级</td><td></td><td colspan="2">险情等级</td><td colspan="3"></td></tr>
<tr><td rowspan="2">防治情况</td><td colspan="3">已采取的防治措施及效果</td><td colspan="5">今后防治建议</td></tr>
<tr><td colspan="3"></td><td colspan="5"></td></tr>
<tr><td rowspan="2">示意图</td><td colspan="8">平面图</td></tr>
<tr><td colspan="8">剖面图</td></tr>
</table>

调查负责人： 填表人： 审核人： 填表日期： 年 月 日

A.3 地面沉降野外调查表

地面沉降野外调查记录按表 A.3 填写。

表 A.3 地面沉降野外调查表

名称		野外编号		室内编号		发生时间	
地理位置	省 市（县） 乡 村 社				沉降类型		
	坐标		X：				
			Y：				
	经纬度		经度：		沉降中心位置	行政区域	
			纬度：			经纬度	经度：
							纬度：

沉降规模			
沉降区面积 /km^2	年平均沉降量 /mm	历年累计沉降量 /mm	平均沉降速率 /（mm · a^{-1}）
地形地貌			
地质构造及活动情况			
第四系覆盖层岩性、厚度、结构、空间变化规律、水文地质特征与主要沉降层位			

沉降区地下水概况				
年开采量 /（m^3 · a^{-1}）	年补给量 /（m^3 · a^{-1}）	地下水埋深 /m	年水位变化幅度 /m	其他
引发沉降原因、变化规律				
沉降现状及发展趋势				
主要危害及经济损失				
治理措施及效果				

调查负责人： 填表人： 审核人： 填表日期： 年 月 日

附 B
（资料性附录）
泥石流沟严重程度（易发程度）数量化与综合评判

B.1 泥石流沟严重程度（易发程度）数量化

表 B.1 给出了泥石流沟严重程度（易发程度）数量化方法。

表 B.1 泥石流沟严重程度（易发程度）数量化表

序号	影响因素	权重	量级划分							
			严重（A）	得分	中等（B）	得分	较微（C）	得分	一般（D）	得分
1	崩塌、滑坡及水土流失（自然和人为活动的）严重程度	0.159	崩塌、滑坡等重力侵蚀严重，多层滑坡和大型崩塌，表土疏松、冲沟十分发育	21	崩塌、滑坡发育，多层滑坡和中小型崩塌，有零星植被覆盖冲沟发育	16	有零星崩塌、滑坡和冲沟存在	12	无崩塌、滑坡、冲沟或发育轻微	1
2	泥沙沿程补给长度比	0.118	≥ 60%	16	<60% ~ 30%	12	<30% ~ 10%	8	<10%	1
3	沟口泥石流堆积活动程度	0.108	河形弯曲或堵塞，大河主流受挤压偏移	14	河流无较大变化，仅大河主流受迫偏移	11	河形无变化，大河主流在高水偏，低水不偏	7	无河形变化，主流不偏	1

续表

序号	影响因素	权重	量级划分							
			严重（A）	得分	中等（B）	得分	较微（C）	得分	一般（D）	得分
4	河沟纵比降	0.090	≥ 213‰	12	<213‰ ~ 105‰	9	<105‰ ~ 52‰	6	<52%	1
5	区域构造影响程度	0.075	强抬升区，6 级以上地震区，断层破碎带	9	抬升区，4 ~ 6 级地震区，有中小支断层或无断层	7	相对稳定区，4 级以下地震区有小断层	5	沉降区，构造影响小或无影响	1
6	流域植被覆盖率	0.067	<10%	9	10% ~ <30%	7	30% ~ <60%	5	≥ 60%	1
7	河沟近期一次变幅	0.062	≥ 2m	8	<2 ~1m	6	<1 ~ 0.2m	4	<0.2m	1
8	岩性影响	0.054	软岩、黄土	6	软硬相间	5	风化强烈和节理发育的硬岩	4	硬岩	1
9	沿沟松散物储量	0.054	≥ $10\times10^4m^3/km^2$	6	<10×10^4 ~ $5\times10^4m^3/km^2$	5	<5×10^4 ~ $1\times10^4m^3/km^2$	4	<$1\times10^4m^3/km^2$	1
10	沟岸山坡坡度	0.045	≥ 32°	6	<32° ~ 25°	5	<25° ~ 15°	4	<15°	1
11	产沙区沟槽横断面	0.036	V 形谷、U 形谷、谷中谷	5	宽 U 形谷	4	复式断面	3	平坦型	1
12	产沙区松散物平均厚度	0.036	≥ 10m	5	<10 ~ 5m	4	<5 ~ 1m	3	<1m	1

续表

序号	影响因素	权重	量级划分							
			严重（A）	得分	中等（B）	得分	较微（C）	得分	一般（D）	得分
13	流域面积	0.036	0.2～<5km^2	5	5～<10km^2	4	<0.2km^2 0～<100km^2	3	≥ 100km^2	1
14	流域相对高差	0.030	≥ 500m	4	<500 ～ 300m	3	<300 ～ 100m	2	<100m	1
15	河沟堵塞程度	0.030	严	4	中	3	轻	2	无	1

B.2　泥石流沟易发程度数量化综合评判

表 B.2 给出了泥石流沟易发程度数量化综合评判的等级标准。

表 B.2　泥石流沟易发程度数量化综合评判等级标准表

是与非的判别界限值		划分易发程度等级的界限值	
等级	标准得分 *N* 的范围	等级	按标准得分 *N* 的范围评判
是	44 ～ 130	极易发	116 ～ 130
		中易发	87 ～ 115
		轻度易发	44 ～ 86
非	15 ～ 43	不易发生	15 ～ 43

附 C
（规范性附录）
成果报告编写提纲与图件编制

C.1 地质灾害排查报告编写提纲

第一章 序言

内容主要包括：目的任务；经济与社会发展概况；主要环境地质问题；地质灾害调查、研究与防治概况；本次排查工作方法、排查工作过程、完成的工作量。

第二章 地质环境条件

内容主要包括：在资料收集分析基础上，简单论述地形地貌、地层岩性、地质构造、气象与水文地质特征以及植被特征等地质环境条件，应加强对人类工程经济活动及其与地质灾害发生发展之间响应关系的分析和论述。

第三章 地质灾害形成条件与发育特征

内容主要包括：地质灾害类型、规模、数量、灾情、险情等方面排查前后的变化对照与分析；地质灾害发育分布特征；地质灾害形成条件、影响因素与成灾机理；地质灾害稳定性评价与趋势预测；重点地质灾害分析、评价与防治。

第四章 地质灾害防治对策

内容主要包括：地质灾害防治区划；地质灾害防治重点；地质灾害防治对策建议。

第五章 结论与建议

内容主要包括：地质灾害排查工作取得的主要成果；排查工作在防灾减

灾方面的应用建议与成效分析；地质灾害排查工作存在的问题与不足，下一步工作建议等。

C.2　成果图件编制方法

C.2.1　地质灾害分布图编制

比例尺：一般采用 1∶100000 ～ 1∶50000。

地质灾害分布图是以排查工作区行政区划及地质灾害形成发育的地质环境条件为背景，主要反映地质灾害隐患点的地理位置、类型、规模、稳定性或易发性。图面内容主要包括：

第一层次：主要表示简化地理、行政区划要素与地质灾害相关的地质环境要素。

第二层次：各类地质灾害的位置、类型、成因、规模、稳定性与危害性等。地质灾害用点状符号表示；规模用点状符号大小表示，规模大者应以实际边界表示；稳定性或易发性用颜色表示。排查后新增地质灾害通过不同颜色予以区分。

图面中应配置必要的镶图与说明表。镶图用于地质环境条件或地质灾害成因、引发因素的说明，如降水量等值线图、暴雨等值线图和地震烈度分区图等；说明表主要反映重要地质灾害隐患点的编号、地理位置、类型、规模、稳定性和危害性预测等。

C.2.2　地质灾害防治区划图编制

比例尺：一般采用 1∶100000 ～ 1∶50000。

地质灾害防治区划图以排查工作区行政区划与简单地理要素为背景，主要反映地质灾害防治分区、防治重点和防治对策建议。图面内容主要包括：

第一层次：主要表示简化地理要素。简化行政区划要素，应表示到乡、镇及重要居民点；标明风景名胜区及已建和拟建的重要建设工程，如城建工程、水利水电工程、矿业工程、交通工程、地下水供水工程等。

第二层次：防治分区类别及分区界线。依据地质灾害形成的地质环境条件、发育分布特征，结合当地经济与社会发展规划等因素，进行综合分析，划定重点防治区、次重点防治区和一般防治区。地质灾害重点防治区根据地质灾害现状和需要保护的对象确定，对地质灾害易发区内人口密集居住区（城市、集镇、村庄）、重要基础设施（交通干线、通信工程、水利工程、电力工程）、重要经济区（支柱产业开发区、大中型工矿区）、风景名胜区（自然景点、文化遗存、地质遗迹）、重要农业区（基本农田保护区、特色农业区）等存在危险的区域应划定为地质灾害重点防治区。

第三层次：防治措施。表示所有地质灾害隐患点的防治分期、防治分级、防治重点和防治措施（群测群防、专业监测、避让、治理等）。

图面中应配置必要的镶图与防治区划说明表。如有必要可作重点防治地段或重点防治城镇等的镶图，比例尺适当放大。防治区划说明表主要反映重点防治区的名称、位置、面积，主要地质灾害类型、特征及危害，重点防治的地质灾害及防治对策等内容。